Senguel Wayang
Mohaman Gonza
Laurent Bitjoka

Formalisation d'une approche de supervision basée sur le Grafcet

Senguel Wayang
Mohaman Gonza
Laurent Bitjoka

Formalisation d'une approche de supervision basée sur le Grafcet

Contribution à l'application industrielle de la théorie de commande par supervision des systèmes à événements discrets

Noor Publishing

Imprint

Cover image: www.ingimage.com

Publisher:
Noor Publishing
is a trademark of
International Book Market Service Ltd., member of OmniScriptum Publishing Group
17 Meldrum Street, Beau Bassin 71504, Mauritius

Printed at: see last page
ISBN: 978-620-2-35294-9

Dédicace

À mes parents Senguel Patrick et Asta Josephine

Remerciements

Mes remerciements sont nombreux car ils incarnent la nature profondément participative de cette publication de livre. Ainsi, je tiens à remercier tous ceux qui m'ont aidé en participant, en soutenant et en partageant le projet. Votre implication et votre appui me motivent à continuer à écrire et à partager avec vous.

Quelle chance de vous avoir à mes côtés !

Un remerciement particulier au Directeur de l'ENSAI le Professeur NSO Emmanuel qui n'a ménagé aucun effort pour la présentation publique de ce travail.

Du fond du cœur, un grand merci à notre encadreur, le Professeur Laurent BITJOKA, pour ses multiples orientations et sa disponibilité.

Merci à toute la communauté éducative de l'ENSAI et l'IUT de Ngaoundéré qui a apporté sa contribution et son encouragement à publier ce livre :

- Pr. KAMTA M.,
- Pr. KUITCHE,
- Pr YOUMSSI A.,
- Dr NDIYA N.,
- Dr KAMGANG J. C.,
- Dr KAMLA V. C.,
- Dr EDOUN M.,
- Dr. BOUKAR O.,
- Dr. TETANG ;
- M. BOUSSAIBO ;
- M. GONZA Mohaman.

Milles mercis tous mes camarades et collègues pour le soutien et l'attachement qu'ils ont à mon égard; tous mes frères, sœurs oncle et amis pour leurs encouragements.

Table des matières

Dédicace *1*

Remerciements *3*

Table des matières *5*

Introduction générale *9*

Introduction générale *11*

Première partie : *15*

Revue de la littérature *15*

Chapitre I **17**

Systèmes de Production et Systèmes à Événements Discrets **17**

I.1 : Les Systèmes de production 17

I.1.1 : Évolution vers les systèmes automatisés de production 17

I.1.2 : Constituants des systèmes automatisés de production 19

I.2 : Les Systèmes à Événements Discrets (SED) 20

I.3 : Les outils de modélisation des SED 22

I.3.1 : Langage et automate 22

I.3.2 : Les réseaux de Petri 27

I.3.3 : Le Grafcet 30

Chapitre II **35**

Synthèse de commande des Systèmes à Événements Discrets **35**

II.1 : Synthèse de la commande selon Ramadge et Wonham 35

II.1.1 : Concept de supervision 37

II.1.2 : Concept de contrôlabilité et condition d'existence d'un superviseur 40

II.1.3 : Synthèse du superviseur 41

II.1.4 : L'algorithme de Kumar 42

II.2 : Méthodes de synthèse basées sur des outils de modélisation structurelles 43

II.3.1 : Approches à base des Réseaux de Petri 45

II.3.2 : Approches à base du Grafcet 48

Deuxième partie : *55*

Matériel et Méthodes *55*

Chapitre III **57**

Matériel et méthodes **57**

III.1 : Matériel 57

III.1.1 : Système manufacturier 1 (SM 1) 57

III.1.2 : Système manufacturier 2 (SM 2) 58

III.2 : Méthodes 59

III.2.1 : La théorie des régions 59

III.2.2 : Calcul du superviseur par les invariants de marquages 63

Troisième partie : ***71***

Résultats et Discussions ***71***

Chapitre IV **73**

Synthèse de la commande supervisée d'un système modélisé par Grafcet par rapprochement avec les automates finis ***73***

IV.1 : Équivalences entre le Grafcet et l'automate fini 75

IV.2 : Compositions des Grafcets 76

IV. 3 : Application de la méthode 79

IV.3.1 : Calcul du superviseur à base du Grafcet 79

IV.3.2 : Vérification des cinq règles du Grafcet 84

IV.3.3 : Simulation de la dynamique du Grafcet sous contrôle avec le logiciel GRAFCET2D 84

Chapitre V **89**

Synthèse de la commande supervisée d'un système modélisé par Grafcet par rapprochement avec les Réseaux de Petri **89**

V.1 : Du réseau de Petri au Grafcet 92

V.2 : Définition des états interdits dans le cadre d'une approche de synthèse de commande par RdP 95

V.3 : Calcul du superviseur d'un système modélisé par Grafcet via la méthode des invariants de marquages 97

V.3.1 : Détermination des états interdits et des contraintes linéaires associées 98

a) Modèles du procédé et des spécifications 98
b) Grafcet du fonctionnement en boucle fermée 98
c) Détermination de l'ensemble des états interdits 101
d) Graphe de marquage du fonctionnement en boucle fermée 101
e) Graphe d'atteignabilité partiel 105
V.3.2 : Calcul des étapes de contrôles à ajouter 108
a) Des états interdits aux contraintes linéaires 108
b) Calcul des étapes de contrôle à ajouter 110
V.4 : Analyse des résultats et discussions 113
V.4.1 : Rapprochement à la supervision à base des automates finis 113
Synthèse de superviseur à base des automates finis 114
V.4.2 : Rapprochement avec la supervision à base des Réseaux de Petri 116
Conclusion et perspectives 119
Conclusion et perspectives 121
Références bibliographiques 125
Références bibliographiques 127

Introduction générale

Introduction générale

Pendant ces dernières décennies, la complexité croissante des systèmes automatisés en terme de quantité, de besoins en communication, de diversité des composants, etc., a accru les exigences des utilisateurs en terme de sûreté de fonctionnement et d'aide à la conception de programmes (Tajer *et al.*, 2006). En effet, jusqu'à présent, le concepteur ne dispose d'aucune aide véritable pour ces deux points (Kattan, 2004). En fait, seule sa compétence et son expérience lui permettent d'élaborer des programmes dont il garantit lui-même la sûreté de fonctionnement. De tels systèmes intègrent de nombreux composants matériels et logiciels et interagissent avec des environnements complexes. Ainsi la synthèse de la commande de ces systèmes devient de plus en plus difficile, et elle ne peut qu'être basée sur des essais et corrections successives, coûteux et approximatifs (Tajer, 2005). L'expérience et la perspicacité de l'ingénieur qui conçoit ces systèmes deviennent insuffisantes pour imposer le respect du cahier des charges (Tajer, 2005). Par conséquent, il est nécessaire de disposer d'outils aidant à la conception de systèmes de commande et permettant de vérifier si le système commandé répond bien au cahier des charges.

Pour élaborer un fonctionnement sûr, deux approches sont possibles : une approche par vérification et une approche par synthèse. Dans l'approche par vérification, la construction de la commande repose sur l'alternance entre une phase de validation, par Model checking (Berard *et al.*, 1999) par exemple, et une phase de correction des erreurs identifiées. Cependant, plutôt que de se limiter à la vérification et/ou la validation, il est intéressant de développer des techniques permettant la synthèse automatique d'une implantation correcte de la commande.

Le mot « supervision » peut comprendre plusieurs aspects comme la sûreté de fonctionnement, la surveillance, la gestion de modes et le pilotage. C'est ce qui est appliqué actuellement en entreprise, il est connu sous l'appellation de l'ingénierie SCADA. Dans notre cadre de recherche, le mot « supervision » concerne non pas l'analyse des défaillances du système, mais son fonctionnement normal. La supervision concerne alors l'automatisation. Elle recouvre la notion de synthèse du superviseur, c'est-à-dire l'élément qui va contraindre le système à respecter un ensemble de comportements définis dans un cahier des charges. C'est la vision de la théorie de la supervision qui a été initiée par les travaux de Ramadge et Wonham (RW) dans le début des années 80 (Ramadge et Wonham, 1983), elle repose sur la théorie des langages formels et la théorie des automates.

Étant donné un ensemble de spécifications de fonctionnement, nous définissons puis modélisons sous forme de Grafcet le procédé étendu et les spécifications de supervision. La contribution de notre travail dans ce contexte a porté sur plusieurs aspects. Dans un premier temps, nous développons une technique de composition des Grafcets par rapprochement aux automates finis. Ainsi le Grafcet obtenu après application directe d'un algorithme de synthèse conduira à l'obtention d'un Grafcet superviseur directement implantable dans un API. Cependant, dans cette approche, un inconvénient majeur subsiste : le Grafcet final de superviseur obtenu par cette approche contient un nombre important d'étapes qui est identique à l'automate synthétisé. On imagine alors la complexité des superviseurs que l'on obtient dans le cas d'applications complexes.

Dans un deuxième temps, notre contribution a consisté à proposer une méthode de synthèse structurelle applicable directement sur un Grafcet de spécification. Nous avons obtenu ainsi des mécanismes de construction structurelle beaucoup plus aisés à manipuler et qui permettent d'éviter l'explosion combinatoire du nombre d'états dans le modèle final. Ce résultat permet la synthèse d'un contrôleur basée sur l'exploitation des invariants de marquage et du graphe de marquage des réseaux de Petri. L'idée est d'ajouter des places de contrôle pour respecter les spécifications.

Notre objectif dans ce travail est d'étudier les SED en vue de leur commande. Pour cela, il nous a paru nécessaire de commencer par une présentation générale des SED et tout ce qui est autour : c'est l'objet du premier chapitre, nous faisons une présentation des aspects logiques des SED. Tout d'abord, nous évoquons quelques notions relatives aux langages formels, puis nous présentons les outils les plus usuels dans le champ de commande des SED tels que les automates, les Réseaux de Petri et le Grafcet. Dans le deuxième chapitre, nous présentons l'état de l'art sur la synthèse de commande des systèmes à événements discrets (SED). Dans une première partie, nous faisons un bref descriptif de la formalisation de la synthèse de commande des SED selon RW. La seconde partie de ce chapitre étudie les différentes alternatives proposées par d'autres chercheurs. Le troisième chapitre quant à lui présente notre matériel et les outils de synthèse de commande dont nous aurons besoin pour nos approches. Le quatrième chapitre propose une technique de synthèse de superviseur à base du Grafcet par rapprochement à celle effectuée à base des automates finis. Cette méthode se heurte également au problème de l'explosion combinatoire, c'est pour cette raison que nous avons résolu ce problème par une méthode de supervision basée sur la structure du Grafcet, ceci par rapprochement à celle effectuée à base des Réseaux de Petri, c'est l'objet du cinquième chapitre.

Première partie :

Revue de la littérature

Chapitre I

Systèmes de Production et Systèmes à Événements Discrets

Les Systèmes de Production (SP) ont beaucoup évolué ces dernières décennies. Au commencement, les méthodes étaient artisanales ; les tâches étaient alors manuelles. Les SP ont très vite basculé vers la production mécanisée. Les machines s'occupaient alors des tâches mais nécessitaient la présence de l'homme pour les piloter. Les SP sont alors passés aux Systèmes Automatisés de Production (SAP) où l'accomplissement des tâches par les machines ne nécessite aucune présence humaine. L'effort humain attendu est l'élaboration du programme de commande pour ces machines. Nous travaillons dans le cadre de la théorie de supervision, d'autant plus que cette théorie s'applique uniquement aux SED, ce type particulier de système sera également présenté. Les SED peuvent être modélisés par divers outils, mais seulement trois outils seront présentés dans chapitre, car ce sont ces derniers que nous manipulerons tout au long de ce livre. Il s'agit du langage automate, du réseau de Petri et du Grafcet.

I.1 : Les Systèmes de production

Les systèmes de production ont connu des changements dans la façon de faire. Ils ont évolués de la pratique artisanale vers les SAP en passant par la production mécanisée. Les SAP sont de plus en plus complexes pour ce qui est des éléments qui les composent.

I.1.1 : Évolution vers les systèmes automatisés de production

Les systèmes de production ont considérablement évolué au cours du temps. La mécanisation puis l'automatisation des systèmes ont eu pour effet de reproduire à grande échelle des séries de produits similaires. La mécanisation a tout d'abord fourni des outils permettant de reproduire les opérations manuelles dans des fonctions globales de transformation, de transport ou de stockage du produit. La figure 1.1 illustre les étapes successives qui ont permis d'automatiser les systèmes de production.

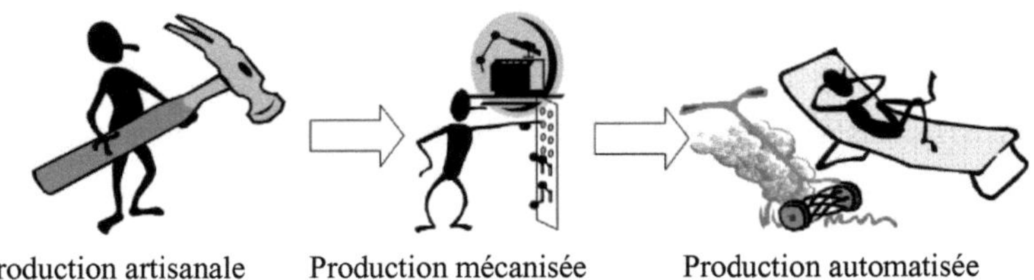

Figure 1.1: Évolutions des systèmes de production (Rohée, 2008)

En agençant les opérations mécanisées les unes avec les autres, le système de production devient autonome et son comportement systématique. Les interventions humaines n'ont pas lieu d'être dans l'utilisation continue du système. Les apports de l'automatisation par rapport à un système mécanisé sont multiples : l'automatisation permet d'optimiser la cadence, la qualité et le coût de production.

Avec l'évolution des technologies, de nouvelles solutions se sont développées avec des systèmes de commande beaucoup plus élaborés. Il ne s'agit plus de synchroniser quelques fonctions élémentaires les unes avec les autres mais de piloter l'ensemble du système avec un ensemble de matériels totalement dédiés à la commande. Il y a maintenant une dissociation complète entre la technologie utilisée pour la commande et l'énergie utilisée pour produire l'action sur la partie opérative. La commande est réalisée à l'aide de matériels dédiés et spécialisés. Deux évolutions technologiques majeures sont apparues sur la commande :

- les composants électroniques : la miniaturisation des composants électriques a permis de répondre aux problèmes plus complexes tout en produisant des solutions moins coûteuses dans de nombreuses applications. L'électronique facilite la réalisation de systèmes automatisés complexes à l'aide de composants réalisant des systèmes de commande de base peu onéreux. Les portes logiques, les bascules, les circuits intégrés, les amplificateurs opérationnels... sont souvent utilisés dans de nombreux systèmes automatisés ;

- l'informatique industrielle : avec l'augmentation de la complexité des systèmes automatisés et du paramétrage nécessaire du fonctionnement, de nouvelles solutions technologiques dérivées des solutions utilisées en informatique sont apparues. Les Automates Programmables Industriels (API) permettent une grande flexibilité dans les modifications de comportement à apporter au système. Cet équipement doit être configuré et programmé pour définir le comportement souhaité du système automatisé. Il apporte des atouts importants pour les systèmes comportant une grande complexité et fournit une facilité de mise en œuvre et une évolutivité lors des modifications de comportements à apporter à la commande. Il nécessite une console de programmation pour indiquer les actions que la partie opérative doit assurer.

I.1.2 : Constituants des systèmes automatisés de production

Les systèmes automatisés de production sont constitués de deux parties ayant de fortes interactions entre elles. La Figure 1.2 illustre ce découpage. La partie opérative correspond à la partie mécanisée du système agrémentée de l'interface nécessaire à son pilotage par la partie commande. Les capteurs sont disposés sur la partie physique du système pour mesurer la situation courante du système et servent donc à l'observation de ses évolutions. Les capteurs adaptent l'information physique mesurée pour convertir cette information dans un signal adapté à la partie commande suivant le type d'énergie utilisée. Pour que le système automatisé fonctionne, la partie commande doit lancer l'exécution d'opérations élémentaires. Les actionneurs en association avec les préactionneurs (exemple : Contacteurs, relais, distributeurs) remplissent cette fonction. Les actionneurs (exemple : Moteurs, vérins) sont alimentés par une source d'énergie et exécutent des opérations élémentaires en transformant l'énergie d'alimentation en énergie de puissance permettant l'exécution d'une action. Les préactionneurs permettent de faire le lien entre l'alimentation en énergie de puissance et les informations utilisées par la partie commande.

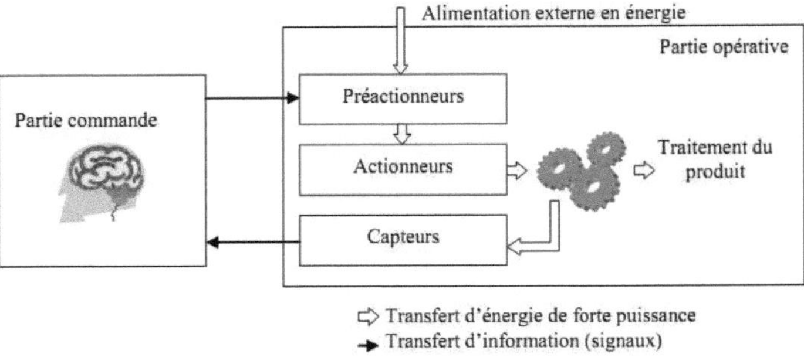

Figure 1.2: Découpage d'un système automatisé (Rohée, 2008)

L'ensemble du système automatisé effectue un traitement du produit. Le sous-ensemble de la partie opérative, qui exécute une opération élémentaire à partir du signal envoyé par la partie commande, correspond à une chaîne d'action. Le sous-ensemble mesurant une grandeur physique sur la partie opérative jusqu'au signal reçu par la partie commande correspond à une chaîne d'acquisition.

I.2 : Les Systèmes à Événements Discrets (SED)

Un Système à Événements Discrets est un système dynamique évoluant suite à l'occurrence d'événements, et dont l'espace des états est discret (Tajer, 2005). Ces événements caractérisent les différents changements physiques qui surviennent dans le système. Leur succession constitue des trajectoires qui permettent de décrire l'espace des états. Prenons l'exemple d'une machine pouvant occuper trois états différents : repos, panne et occupé. Une évolution possible de cette machine est donnée par la figure 1.3. Dans son état initial, la machine est supposée au repos. Sur occurrence de l'événement α "*commencer une opération* " à l'instant t_1, la machine évolue vers l'état "*occupé*". De même, l'occurrence des événements λ "*occurrence d'une panne*" et γ "*réparer la machine*" respectivement aux instants t_2 et t_3 conduit la machine vers l'état de panne, pour ensuite revenir vers l'état de repos. À l'instant t_5 par exemple, l'événement β "*fin de l'opération*" permet de conduire la machine de l'état "*occupé*" à l'état "*repos*".

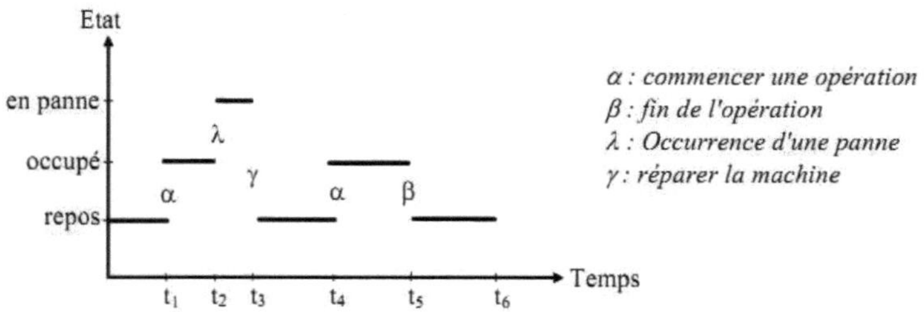

Figure 1.3 : Trajectoire décrite par une machine à trois états

Le comportement du procédé peut être décrit par la séquence d'événement $\alpha\lambda\gamma\alpha\beta$. Une telle simplification est justifiée lorsque le modèle est utilisé pour l'étude des propriétés dynamiques indépendamment du temps. Cependant, le comportement du procédé peut être entièrement modélisé par des couples (événement, instant d'occurrence d'événement) de la forme (α, t_1), (λ, t_2), etc. Cette description, appelé modèle temporel, suppose que l'instant d'occurrence des événements est une information pertinente. Cette information peut être représentée par un modèle temporisé non-stochastique (réseau de Petri Temporisé, Algèbre Max, ...) où le temps est connu a priori, ou par un modèle stochastique (chaînes de Markov, files d'attentes, Processus Semi-Markoviens généralisés, ...) basé sur des hypothèses statistiques. Les nombreux domaines d'utilisation des SED ainsi que les différents comportements rencontrés dans chaque domaine ont conduit au développement d'autres modèles de représentation des SED. Ainsi, l'abstraction de l'aspect temporel dans les occurrences d'événements et la prise en compte uniquement de l'ordonnancement des événements permettent de définir les modèles de SED dits "*logiques*" tels les automates. L'exemple de la figure 1.3 serait dans ce cas décrit par la succession des événements α, λ, γ, α et β. Ces modèles logiques servent à l'étude des propriétés dynamiques des événements générés par le système, indépendamment du temps physique. Leur utilisation est assez répandue pour l'étude des propriétés qualitatives des systèmes dans des domaines tels que les protocoles de communication, les protocoles de base de données ou encore l'analyse des circuits intégrés. Dans les nombreuses applications où les SED ont été utilisés, la formulation et l'analyse du modèle se font de la façon suivante. Dans un premier temps, l'ensemble des phénomènes physiques possibles appelés encore "*trajectoires admissibles*" est spécifié. Cela est fait par un modèle à états discrets tel que les réseaux de Petri, les automates, le Grafcet ou encore les langages formels, etc. Ensuite, il faut s'assurer que pour une propriété donnée (stabilité, non-blocage, vivacité,...), toutes les trajectoires admissibles vérifient ladite propriété.

En général, pour Kattan, un SED peut avoir un comportement non déterministe. Nous entendons ici le "*non-déterminisme*" par le fait que nous ne pouvons pas prévoir, a priori, quelle sera l'évolution du système. En d'autres termes, pour un état donné du système, plusieurs événements différents sont supposés susceptibles de se produire. Donc une séquence unique ne suffit alors plus pour décrire le comportement du système. Ainsi, l'évolution d'un SED sera en général décrite par un ensemble de séquences d'événements. Cet ensemble de séquences constitue un langage sur l'ensemble des événements possibles dans le système.

I.3 : Les outils de modélisation des SED

Nous venons de faire un survol des aspects logiques des SED et quelques notions relatives aux langages formels. À présent, nous nous intéresserons aux outils les plus usuels dans le champ de commande des SED tels que les automates, les Réseaux de Petri et le Grafcet.

I.3.1 : Langage et automate

Pour formaliser les SED sous forme de langage, on représente les événements par des symboles. L'ensemble de tous ces symboles (σ_1 , ..., σ_n) est fini et constitue un alphabet noté Σ. Toutes les séquences finies d'événements, ou traces, peuvent alors être représentées par une séquence de symboles $s = \sigma_1.\sigma_2 \ldots$ appelée chaîne (ou mot) sur l'alphabet Σ.

On appelle alphabet (ou vocabulaire), un ensemble fini de symboles noté Σ. Dans le cas d'un SED, l'alphabet pourra représenter l'ensemble des événements possibles dans le système. Cet ensemble est composé de tous les événements qui font évoluer le SED.

Une chaîne (ou mot ou séquence) définie sur un alphabet Σ est une suite finie d'éléments de Σ notée s. La longueur d'une chaîne s, notée $|s|$, représente le nombre de symboles de s (par exemple, $|abba| = 4$).

La relation entre un système et sa traduction sous forme de langage peut être présentée comme suit :

- Événement → symbole $\sigma \in \Sigma$
- Trace → séquence s
- Comportement du système → langage L

Soit Σ^* l'ensemble de toutes les chaînes qui peuvent être formées sur les éléments de Σ, y comprises la chaîne vide ε. La concaténation de deux chaînes v et x est notée par vx. Nous disons que la chaîne v est un préfixe de la chaîne vx.

a) Langage

On appelle langage défini sur un alphabet Σ tout sous-ensemble de Σ^*.

Nous pouvons à présent définir la *préfixe-clôture (la fermeture préfixielle)* d'un langage L, comme le langage contenant tous les préfixes des chaînes de L. nous noterons par $\bar{L}$ la préfixe-clôture du langage L.

$$\bar{L} = \{s_1 \in \Sigma^* \,/\, \exists\, s_2 \in \Sigma^*,\ s_1 s_2 \in L\}$$

Langage préfixe-clos

Un langage L est *préfixe-clos (fermé)* s'il est égal à son préfixe clôture, c'est-à-dire, L est préfixe-clos si $L = \bar{L}$. Un langage préfixe-clos contient toute l'évolution passée du SED.

Depuis un état q, l'occurrence de l'événement σ est associée à un changement d'état, l'état courant devient $q' = \delta(q,\sigma)$. La relation de transition δ peut être étendue pour s'appliquer à une chaîne s : $q' = \delta(q, s)$ où q' est l'état atteint quand la chaîne s est exécutée depuis l'état q. Cette dernière équation peut être explicitée; d'une manière générale, si s est une chaîne et σ un événement $\delta(q, s\sigma) = \delta(\delta(q, s), \sigma)$.

Si le concept de langage est familier aux informaticiens, il l'est nettement moins dans la communauté des automaticiens. De plus, il est souvent malaisé de modéliser des SED sous forme de langages, qui s'avèrent trop abstraits pour être utilisés directement. La mise en œuvre exige de se limiter à certaines classes de langages, notamment les langages réguliers.

Il apparaît donc nécessaire d'utiliser pour représenter les SED des modèles intermédiaires tels que les automates, les réseaux de Petri et Grafcet. Le modèle des SED le plus proche des langages est incontestablement le modèle automate à espace d'états fini.

b) Automate fini

Un automate est une machine à états qui permet de décrire le fonctionnement entrées/sorties d'un système à événements discrets. Un automate est représenté par une succession d'états et de transitions, ces dernières sont associées à des événements. De façon générale, un automate est une machine qui a des entrées et des sorties discrètes et qui réagit à une modification de ses entrées en changeant ses sorties. Formellement, un automate fini A peut être défini de la façon suivante :

Un automate fini A est un 5-tuplet $A = (Q, \Sigma, \delta, q_0, Q_m)$ où :

- Q est l'ensemble fini des états.
- Σ est un ensemble fini de symboles d'entrée (ensemble des événements), appelé alphabet d'entrée.
- δ est la fonction de transition d'états de $Q \times \Sigma$ vers Q qui associe un état d'arrivée à un état de départ et à un symbole d'entrée.
- $q_0 \in Q$ est l'état initial.
- $Q_m \subseteq Q$ est l'ensemble des états marqués.

Un automate peut être représenté par son graphe de transition d'états. Le graphe de transition d'états d'un automate fini A est donné dans la figure 1.4.

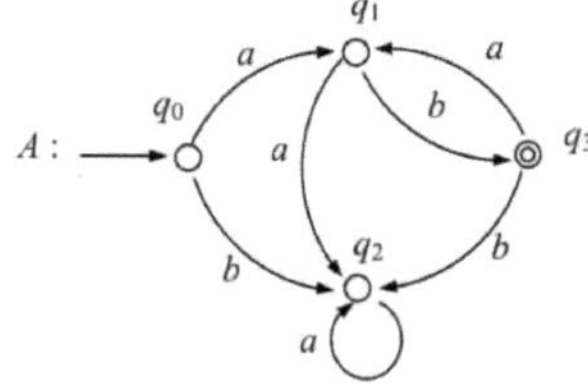

Figure 1.4: Graphe de transition d'états d'un automate fini

Dans la figure 1.4, les états de A sont représentés par des cercles. Nous avons : $Q = \{q_0, q_1, q_2, q_3\}$. L'état initial q_0, est repéré par une flèche entrante. Les états finaux sont représentés par des doubles cercles, ainsi : $Q_m = \{q_3\}$. La fonction δ de transition d'états est représentée par des arcs associés à des symboles de l'alphabet Σ. Dans notre exemple, l'alphabet Σ correspond à l'ensemble $\{a,b\}$. Il existe une transition d'états associée au symbole "a" entre q_0 et q_1. Cela signifie : $\delta(q_0, a) = q_1$.

- Un état $q \in Q$ est dit accessible s'il existe une chaîne $s \in \Sigma^*$ telle que $q=\delta(q_0, s)$, c'est-à-dire que l'automate peut y accéder depuis l'état initial. Par extension, l'automate A est accessible si tout état $q \in Q$ est accessible.
- Un état $q \in Q$ est dit co-accessible s'il existe une chaîne $s \in \Sigma^*$ telle que $\delta(q, s) \in Q_m$, c'est-à-dire qu'à partir de cet état l'automate peut atteindre un état marqué. Par extension, l'automate A est co-accessible si tout état $q \in Q$ est co-accessible.

Selon que l'on implique les états marqués ou non marqués, l'automate A définit deux classes importantes de langages : $L(A)$ *ou* $L_m(A)$.

➢ **Langage généré d'un automate fini**

Le langage généré par un automate fini A est donné par :

$$L(A) = \{s \in \Sigma^* \mid \delta(q_0, s) \in Q\}$$

Ce langage représente l'ensemble de toutes les chaînes qui permettent de rejoindre un état quelconque de l'automate à partir de son état initial. Donc le langage généré par un automate est toujours préfixe-clos $\bar{L}(A) = L(A)$.

➢ **Langage marqué d'un automate fini**

Le langage marqué d'un automate fini A est donné par :

$$L_m(A) = \{s \in \Sigma^* \mid \delta(q_0, s) \in Q_m\}$$

Ce langage représente l'ensemble de toutes les chaînes qui permettent de rejoindre un état marqué à partir de l'état initial. De telles chaînes sont appelées tâches. Cette définition implique que :

$$L_m(A) \subseteq L(A), \text{ puisque } Q_m \subseteq Q.$$

- **Opérations sur les automates et les langages**

On considère deux langages L_1 et L_2 construits sur un même alphabet Σ. L'intersection de L_1 et L_2 est définie sur Σ par :

$$L_1 \cap L_2 = \{ s \mid s \in L_1 \text{ et } s \in L_2 \}$$

$L_1 \cap L_2$ désigne le langage contenant toutes les chaînes qui appartiennent à la fois à L_1 et à L_2.

L'union de L_1 et L_2 notée, $L_1 \cup L_2$ est le langage contenant toutes les chaînes qui sont soit contenues dans L_1, soit contenues dans L_2. Formellement le langage, $L_1 \cup L_2$ est défini sur Σ par :

$$L_1 \cup L_2 = \{ s \mid s \in L_1 \text{ ou } s \in L_2 \}$$

La concaténation de L_1 et L_2 est défini sur Σ par :

$$L_1 L_2 = \{ s \mid s = uv, u \in L_1 \text{ et } v \in L_2 \}$$

Le modèle automate, ainsi que sa relation avec les langages ont été exposés. Il existe plusieurs opérations réalisables sur les automates. Le plus important, notamment pour la synthèse du superviseur, est probablement la composition d'automates.

- **Composition d'automates**

Il existe deux sortes de compositions :

- la *composition synchrone*, qui est effectuée quand les alphabets des langages associés aux automates considérés ont au moins un événement en commun ;
- la *composition asynchrone*, qui est réalisée quand les alphabets des langages associés aux automates considérés n'ont aucun événement en commun.

Soient deux automates A_1 *et* A_2 définis respectivement par :

$A_1 = (Q_1, \Sigma_1, \delta_1, q_{0,1}, Q_{m,1})$ et par $A_2 = (Q_2, \Sigma_2, \delta_2, q_{0,2}, Q_{m,2})$

La composition synchrone de A_1 et de A_2 est notée $A_1 //_s A_2 = (Q, \Sigma, \delta, q_0, Q_m)$ où :

$Q = Q_1 \times Q_2$ est l'ensemble des états,

$\Sigma = \Sigma_1 \cup \Sigma_2$ représente l'alphabet,

$q_{0,1} \times q_{0,2}$ est l'état initial,

$Q_m = Q_{m,1} \times Q_{m,2}$ est l'ensemble des états marqués.

Pour tout $q = (q_1, q_2) \in Q$, pour $\sigma \in \Sigma$, la relation de transition est telle que :

$$\delta_{1//s2}(q, \sigma) = \begin{cases} \delta 1\,(q1\,,\sigma)\; x\; \delta 2\,(q2\,,\sigma) & si\; \delta 1\,(q1\,,\sigma)\,!\; \wedge\; \delta\,(q2\,,\sigma \\ \delta 1\,(q1\,,\sigma) x\,\{q2\} & si\; \delta 1\,(q1\,,\sigma)\,!\; \wedge\; \sigma\; \notin\; \Sigma 2 \\ \{q1\} x\; \delta 2\,(q2\,,\sigma) & si\; \delta 2\,(q2\,,\sigma)!\; \wedge\; \sigma\; \notin\; \Sigma 1 \\ \emptyset & sinon \end{cases}$$

La modélisation des SED réels est généralement difficile à mettre en œuvre du fait de l'explosion combinatoire du nombre d'états (même dans les petits systèmes) et même si les automates apparaissent comme un formalisme approprié permettant de modéliser efficacement une large classe de systèmes à événements discrets, certaines applications manufacturières s'expriment plus facilement sous forme de réseaux de Petri. Les réseaux de Petri (RdP) ont, par rapport aux automates, l'avantage d'être un modèle beaucoup plus général, bénéficiant de structures beaucoup plus riches, s'adaptant parfaitement à la description de certains types de SED.

Dans le prochain paragraphe nous allons faire quelques rappels sur les réseaux de Petri. Pour plus de détails sur les réseaux de Petri, on pourra se reporter à Alla (1992).

I.3.2 : Les réseaux de Petri

- **Notions de Base**

Un réseau de Petri (RdP) comporte deux types de nœuds : les places et les transitions. Une place est représentée par un cercle et une transition par un trait. Les places et transitions sont reliées par des arcs. Le nombre de places est fini et non nul. Le nombre de transitions est également fini et non nul. Un arc est orienté. Il relie soit une place à une transition, soit une transition à une place. Autrement dit, un RdP est un graphe bipartite, c'est-à-dire qu'il y a alternance des places et des transitions sur un chemin formé d'arcs consécutifs. Et tout arc doit obligatoirement avoir un nœud à chacune de ses extrémités.

Un RdP ordinaire non marqué est un quadruplet $Q = < P, T, Pré, Post >$ tel que :

$P = \{P_1, P_2, ..., P_n\}$ est un ensemble fini et non vide de places ;

$T = \{T_1, T_2, ..., T_m\}$ est un ensemble fini et non vide de transitions ;

$P \cap T = \emptyset$ c'est-à-dire que les ensembles P et T sont disjoints ;

$Pré : P \times T \rightarrow \{0,1\}$ est l'application d'incidence avant ;

$Post : P \times T \rightarrow \{0,1\}$ est l'application d'incidence arrière.

$Pré\ (P_i,T_j)$ est le poids de l'arc $P_i \rightarrow T_j$, ce poids est égal à 1 si l'arc existe et 0 sinon.

$Post\ (P_i,T_j)$ est le poids de l'arc $T_j \rightarrow P_i$. Les applications "*Pré*" et " Post" sont relatives à la transition T_j du couple (P_i, T_j).

Lorsque le poids des éléments dans les matrices *Pré*, *Post* est soit nul, soit égal à 1, le réseau est dit *sauf*. Nous nous limitons à la présentation de ce cas qui correspond à celui du Grafcet.

❖ Le Marquage de RdP

La distribution des jetons dans les places détermine le marquage du réseau. Ce marquage M associe un nombre entier $M(P_i)$ (positif ou nul) à chaque place P_i du réseau. Le marquage d'un réseau de Petri est modélisé par une fonction $M_i : P \rightarrow \mathbf{N}$, où $M_i(P)$ représente le nombre de jetons contenus dans la place P au $i^{ème}$ marquage. On dira qu'un marquage M est binaire si toutes les places du réseau contiennent au plus un jeton. Il est donc défini par le vecteur de ces marquages soit $M = (M(P_1), M(P_2), ..., M(P_i),..., M(P_n))$. Dans ces réseaux, les jetons n'ont pas d'identité et ne peuvent être distingués entre eux.

Dans l'exemple de la Figure 1.5, nous avons :

- l'ensemble des places $P = \{P_1, P_2, P_3, P_4, P_5\}$.
- l'ensemble des transitions $T = \{T_1, T_2, T_3, T_4\}$.
- le marquage $M = (0, 0, 0, 1, 1)$.

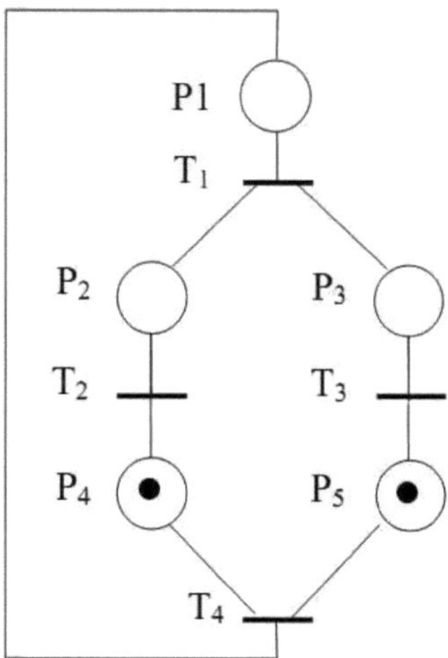

Figure 1.5: Un réseau de Petri

Un certain marquage est considéré à priori comme le marquage initial. À partir de ce marquage, il est possible de faire évoluer le réseau en suivant certaines règles. Donc l'état du RdP défini par son marquage peut évoluer par le franchissement de transitions.

- **Franchissement d'une transition**

Le franchissement d'une transition n'est autorisé que lorsque chacune des places en amont de cette transition contient au moins un jeton. Le franchissement d'une transition fait évoluer le marquage du réseau en retirant un jeton dans chacune des places en amont de la transition et en ajoutant un jeton dans chacune des places en aval de la transition. Il y a un seul franchissement à la fois, et la durée de ce franchissement est nulle.

Dans l'exemple de la figure 1.5, le marquage M devient, en franchissant T_4, M'= (1 0 0 0 0).

Aux réseaux de Petri, il fallait associer une façon normalisée de définir comment le système de commande interagissait avec l'environnement au moyen des entrées et des sorties (capteurs et actionneurs). Il fallait donc une norme pour l'interprétation des réseaux de Petri. C'est ce qui a donné les réceptivités associées aux transitions et les actions associées aux étapes dans le Grafcet. C'est dans cet esprit que le Grafcet a été conçu. Il est aujourd'hui largement utilisé dans l'industrie, normalisé.

I.3.3 : Le Grafcet

Dans le cadre de l'ingénierie des systèmes automatisés de production, concevoir une commande de système à événements discrets est une activité complexe. Elle nécessite souvent l'utilisation de méthodes qui mettent en œuvre un ensemble de langages de spécification. Par ailleurs, on observe que les représentations graphiques sont de plus en plus privilégiées par rapport aux représentations littérales et algébriques du fait de leur aptitude à servir de support de communication entre tous les intervenants. C'est dans cet esprit que le Grafcet a été conçu. Il est aujourd'hui largement enseigné, utilisé dans l'industrie, et il est servi par de nombreuses publications.

Le Grafcet (Graphe Fonctionnel de Commande Étape/Transition) est un graphe qui permet de décrire facilement les fonctionnalités d'un automatisme séquentiel (Blanchard, 1979). Il a été normalisé, dans un premier temps, par l'AFNOR (Association Française de Normalisation) en 1977 et ensuite par la CEI (Commission Électronique Internationale) en 1989 (IEC, 1993).

❖ **Éléments de base**

Le Grafcet est un graphe constitué de séquences d'étapes et de transitions reliées par des liaisons orientées (figure 1.6).

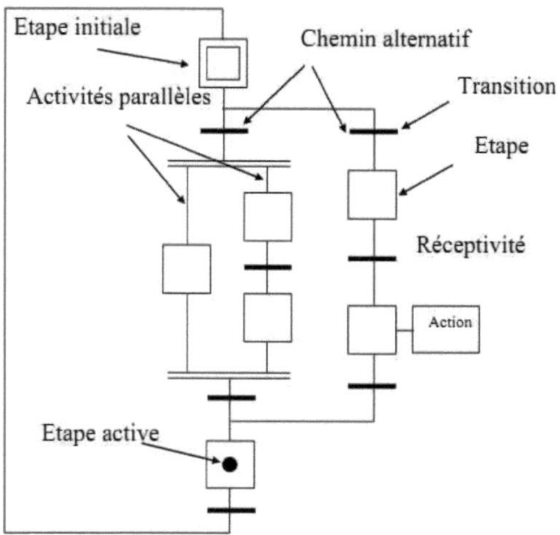

Figure 1.6: Concepts de base du Grafcet

Étape **:** L'étape représente un état dans lequel l'automatisme est invariant vis-à-vis de ses entrées/sorties. Elle peut être active ou inactive. L'état du Grafcet est défini, à un instant donné, par l'ensemble de ses étapes actives.

Transition **:** La transition traduit la possibilité d'évolution d'un état vers un autre. Cette évolution est la conséquence du franchissement de la transition. Une transition est validée si toutes ses étapes immédiatement amont sont actives.

Liaison orientée **:** Une liaison orientée relie une étape à une transition et inversement. Elle indique les configurations atteignables à partir d'un état donné.

❖ Interprétation du graphe

L'interprétation d'un graphe ainsi constitué revient à associer des actions aux étapes et des réceptivités aux transitions, traduisant l'aspect combinatoire de l'automatisme.

Les actions **:** l'action spécifie ce qui doit être fait lors de l'activation de l'étape. Une action peut être interne (compteur, armement de temporisation) ou externe (sortie de l'automate).

Les réceptivités **:** la réceptivité est une expression booléenne qui peut prendre les valeurs vraies ou fausses en fonction de l'état ou des changements d'état des variables qui la composent. La réceptivité conditionne le franchissement de la transition. Une variable peut être interne (état d'étape, temporisation) ou externe (entrée de l'automate). Elle est active soit sur un niveau soit sur un front.

❖ **Règles d'évolution**

L'aspect dynamique du Grafcet est défini par les cinq règles d'évolution suivantes :

- ***Situation initiale :*** la situation initiale correspond aux étapes actives au début du fonctionnement. C'est donc le comportement au repos.
- ***Franchissement d'une transition :*** une transition est dite validée lorsque toutes les étapes amont de cette transition sont actives. Le franchissement d'une transition est effectif lorsque la transition est validée et lorsque la réceptivité associée est vraie.
- ***Activation des étapes :*** le franchissement d'une transition entraîne immédiatement l'activation des étapes aval de cette transition et la désactivation de ses étapes amont.
- ***Évolutions simultanées :*** plusieurs transitions simultanément franchissables sont effectivement franchies simultanément.
- ***Activation et désactivation simultanée d'une étape :*** si, au cours du fonctionnement, une étape est simultanément activée et désactivée, alors elle reste active.

❖ **Extensions du Grafcet**

L'utilisation du Grafcet a mis en évidence certains besoins qui ont conduit à l'introduction de nouveaux concepts normalisés tels que la *macro-étape*, ou les notions de *hiérarchie* et de *forçage*.

Hiérarchie et forçage : La spécification de la commande d'un automatisme, notamment dans le cas des modes de marche et d'arrêt, conduit souvent à des graphes volumineux et peu lisibles. Ces problèmes ont conduit à la proposition des concepts de hiérarchie et de forçage, qui permettent d'organiser la commande. Les niveaux hiérarchiquement les plus élevés réalisent les fonctions décisionnelles alors que les niveaux les plus bas se chargent des fonctions exécutives.

Un Grafcet de niveau "n" agit sur un Grafcet de niveau "n-1" par l'intermédiaire d'un type particulier d'étape spécifiant le forçage. Le forçage est caractérisé par les propriétés suivantes:

- Il peut être temporisé, fugitif, impulsionnel.
- Il bloque, pendant la durée de son émission, le Grafcet de fonctionnement normal.
- Il contraint, à la fin de son émission, le graphe de fonctionnement normal à reprendre son évolution depuis le dernier état forcé.

Le Grafcet est largement diffusé dans le monde industriel. Il est d'ailleurs implanté sur de nombreux automates programmables et constitue un outil aisé de spécification de la commande.

Conclusion

Nous venons de présenter les systèmes à événements discrets qui sont les types de système sur lesquels la théorie de supervision est fondée. Les outils permettant de modéliser ces types de systèmes sont par la suite décrits, il s'agit du langage automate, le RdP et le Grafcet. Beaucoup d'autres outils permettent également de modéliser les systèmes à événements discrets mais les plus employés sont ceux présentés dans ce chapitre. Comment se passe donc la théorie de supervision à base de ces outils ? C'est l'objet du chapitre suivant.

Chapitre II

Synthèse de commande des Systèmes à Événements Discrets

Le problème de la synthèse d'un superviseur pour un SED a été étudié à la fois par la communauté automaticienne et par la communauté informaticienne (Asarin *et al.*, 1998). L'équipe du professeur Wonham à Toronto est à l'origine de la théorie de la commande par supervision (Ramadge et Wonham, 1987a ; Ramadge et Wonham, 1987b). La synthèse de commande selon *RW* sera d'abord présentée, car c'est l'origine de cette théorie ; puis suivront différents travaux qui tentent de résoudre les limites de cette dernière.

II.1 : Synthèse de la commande selon Ramadge et Wonham

Dans cette approche, le temps n'intervient pas. L'étude se place à un niveau qualitatif. Des modèles logiques seront utilisés pour décrire le fonctionnement d'un procédé. Un procédé est considéré comme un SED qui évolue spontanément en générant des événements. Le schéma de supervision est présenté dans la figure 2.1.

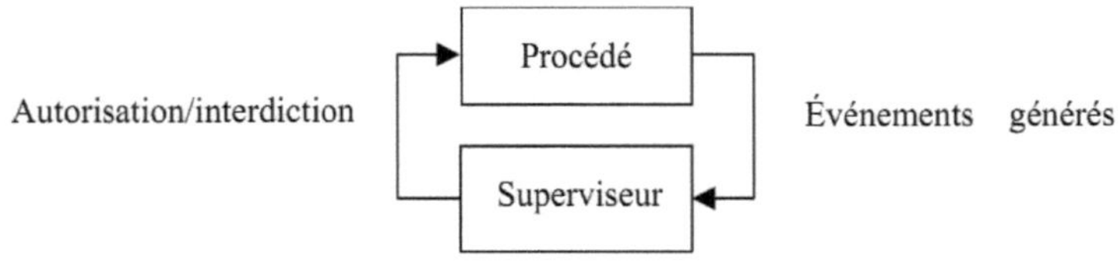

Figure 2.1 : Schéma de supervision selon RW

Dans ce schéma, un procédé est couplé à un superviseur. Les entrées du superviseur sont les sorties du procédé, et vice versa. Le superviseur est un SED qui évolue conformément aux événements qui sont générés dans le procédé. Le superviseur peut modifier le fonctionnement du procédé en autorisant ou en interdisant l'occurrence d'événements dans le procédé. Étant donné un procédé et un ensemble de spécifications logiques de fonctionnement, l'objectif de la théorie *RW* est de synthétiser un superviseur tel que le fonctionnement du procédé couplé au superviseur respecte les spécifications. De plus, on souhaite que le fonctionnement ainsi obtenu soit le plus permissif possible. La synthèse d'un tel superviseur est basée sur le concept de *contrôlabilité*.

Dans la figure 2.1, un superviseur unique est couplé au procédé. La supervision sera qualifiée de centralisée. En revanche, lorsque plusieurs superviseurs sont couplés à un même procédé, on parlera alors de supervision modulaire.

Ainsi, le superviseur est décrit par des automates où plusieurs événements contrôlables sont permis dans un état donné. Par contre, un système de commande réactif se doit de plus de pouvoir forcer l'occurrence de quelques événements. Ce constat conduit à séparer la notion de *superviseur*, qui autorise et interdit, de celle de *contrôleur*, qui autorise (Figure 2.2), interdit et force les événements (Brandin, 1989; Balemi, 1992).

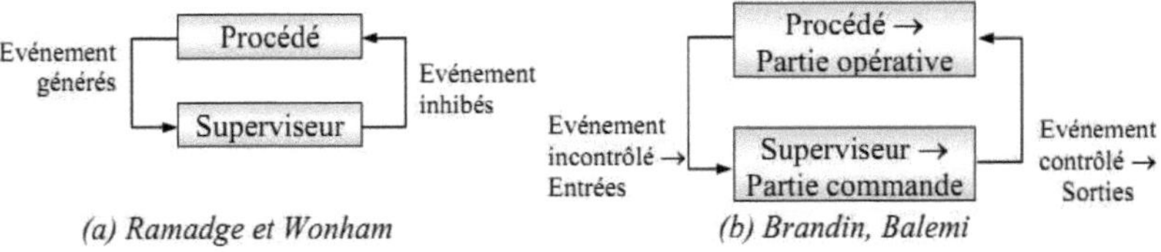

Figure 2.2 : Supervision selon RW, Brandin et Balemi

L'approche de Charbonnier (Charbonnier, 1996) revient à considérer que le procédé est constitué d'un procédé à commander et d'un système de commande. Le procédé étendu alors obtenu est un générateur d'événement en interaction avec un superviseur, conformément à la théorie de la supervision (figure 2.3).

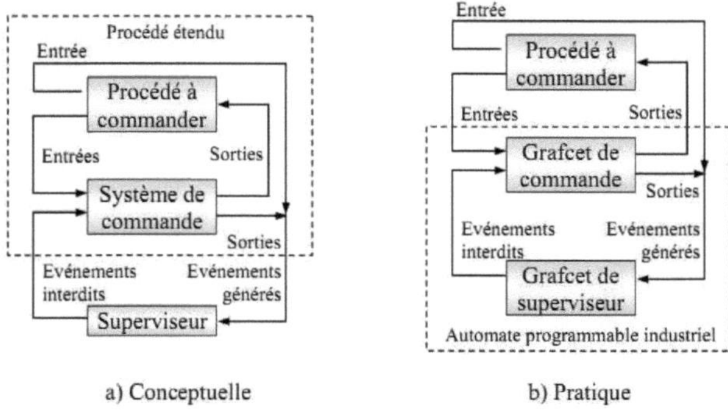

Figure 2.3 : La commande supervisée

Les travaux portant sur l'interprétation du superviseur et du contrôleur montrent des limitations de l'application de la théorie de supervision au milieu industriel. Ces limites sont dues aux méthodologies à appliquer, pour passer d'un superviseur à un contrôleur en vue de son implantation.

II.1.1 : Concept de supervision

Selon la théorie de *RW*, un SED est modélisé par un automate et la supervision consiste à interdire le franchissement de certaines transitions et à autoriser le franchissement d'autres transitions, par l'intermédiaire de l'action du superviseur. Le SED évolue avec un maximum de liberté tout en respectant certaines contraintes fixées par les spécifications. L'objectif est de construire ce superviseur d'une manière telle que l'ensemble des événements autorisés dépende de l'évolution passée du procédé. La notion de comportement en boucle fermée s'applique à une telle approche.

Le procédé, modélisé par un automate, est couplé à un superviseur, représenté lui aussi par un automate. Le superviseur évolue conformément aux événements issus du procédé. Le superviseur intervient sur l'évolution du procédé par l'intermédiaire de lois de contrôle qui définissent l'ensemble des événements autorisés à partir de l'état dans lequel se trouve le procédé. Le couplage procédé/superviseur doit assurer le respect de spécifications données par le cahier des charges.

Le procédé est modélisé par un automate $P = (Q, \Sigma, \delta, q_0)$,

où :

Q est un ensemble fini d'états;

Σ est l'ensemble des événements;

$\delta : Q \times \Sigma \rightarrow Q$ est la fonction de transition d'états;

q_0 est l'état initial.

On appelle *langage de procédé* et on note $L(P)$ le langage associé au procédé P. Ce langage représente l'ensemble des séquences d'événements qui peuvent être générées par P. Ce langage est nécessairement préfixe-clos du fait que le langage accepté par l'automate du procédé est régulier. De même, tous les langages qui seront considérés dans la suite seront préfixe-clos.

Définition 2-1

Selon *RW*, Le superviseur S peut être défini par le 6-uplet $S = (V, \Sigma, \xi, v_0, 2^{\Sigma c}, \theta)$ où V est un ensemble fini d'états ; Σ est l'alphabet d'entrée; $\xi : V \times \Sigma \rightarrow V$ est la fonction de transition d'états ; v_0 est l'état initial ; $2^{\Sigma c}$ est l'alphabet de sortie ; et $\theta : V \rightarrow 2^{\Sigma c}$ est la fonction d'affectation de sortie.

Le superviseur S peut être perçu comme une machine à états déterministe qui évolue conformément à une modification de son entrée (sur l'occurrence d'un événement de Σ généré par le procédé) et qui change d'état selon ξ. Pour chaque état v, le superviseur S fournit en sortie une liste d'événements interdits $\Phi = \theta\ (v)$. Rappelons que seuls les événements contrôlables peuvent être interdits par la supervision. Ainsi, chaque sortie de S est un élément de $2^{\Sigma c}$, où $2^{\Sigma c}$ est l'ensemble de tous les sous-ensembles de Σ_c.

Un superviseur est considéré comme une fonction :

$$S : L(P) \rightarrow \Gamma \ \ avec\ \ \Gamma = \{\gamma \in 2^{\Sigma} \mid \Sigma_u \subseteq \gamma\},$$

$$\forall\ \omega \in L(P), S\ (\omega) = \gamma \in \Gamma,$$

où γ représente l'ensemble des événements autorisés par le superviseur depuis un état q de l'automate du procédé. Γ représente l'ensemble des lois de commande $\Gamma \subseteq 2^{\Sigma}$.

Donc le superviseur observe ω et il génère la commande γ, l'ensemble des événements possibles après l'observation de ω est $S(\omega) \cap \Sigma\,(\delta(q_0\,,\omega))$, si $q = \delta(q_0\,,\omega)$ est l'état où se trouve le procédé après la séquence ω. On note par $\Sigma_p\,(q)$ l'ensemble des événements qui peuvent être générés par le procédé depuis l'état q. Donc on peut écrire Σ_p ($\delta(q_0, \omega)$) pour désigner l'ensemble des événements possibles après ω dans le procédé. Autrement dit, le procédé ne peut pas exécuter un événement qui appartient à l'ensemble des événements actifs actuels si cet événement n'appartient pas également à $S(\omega)$.

On appelle langage de supervision et on note $L(S)$ le langage associé au superviseur S. On définit le langage $L(S)$ comme l'ensemble des séquences d'événements qui ne sont pas interdites par S. De façon duale, $L(S)$ représente alors l'ensemble des séquences d'événements autorisées par S. Formellement, $L(S)$ peut être défini de la façon suivante :

Définition 2-2

Le langage $L(S)$ associé à l'automate $S = (V, \Sigma, \xi, v_0, 2^{\Sigma c}, \theta)$ est défini de façon récursive par le plus petit langage sur Σ^* satisfaisant :

- $\varepsilon \in L(S)$
- si $\omega \in L(S)$ alors $\omega\sigma \in L(S)$ pour $\sigma \in \sum$ si $\sigma \notin \theta$ ($\xi(v0, \omega)$).

Considérons une séquence d'événements ω non interdite par S, c'est-à-dire, $\omega \in L(S)$. Si la séquence d'entrée ω a conduit le superviseur dans l'état $\xi(v_0, \omega)$ et si σ est un événement de $\sum$ alors, la séquence $\omega\sigma$ appartient au langage $L(S)$ si l'événement σ n'est pas interdit par le superviseur depuis l'état $\xi(v_0, \omega)$, c'est-à-dire, si $\sigma \notin \theta$ ($\xi(v_0, \omega)$).

Définition 2-3

Le langage $L(S/P)$ généré par le procédé supervisé en boucle fermée est défini par :

- $\varepsilon \in L(S/P)$
- $[\omega\sigma \in L(S/P)] \Leftrightarrow [(\omega \in L(S/P)) \wedge (\sigma \in S(\omega)) \wedge (\omega\sigma \in L(P))]$.

Un mot $\omega\sigma$ peut être généré par le procédé supervisé seulement si le mot ω a été généré par le procédé supervisé, si l'événement σ est autorisé par le superviseur et le mot $\omega\sigma$ est accepté par le procédé non supervisé. Le mot vide ε est compris dans le langage $L(S/P)$.

Ainsi, $L(S/P)$ est inclus dans le langage $L(P)$ et il est préfixe-clos Par conséquent, un superviseur ne peut que restreindre le comportement d'un procédé.

II.1.2 : Concept de contrôlabilité et condition d'existence d'un superviseur

- **Contrôlabilité**

Ramadge et Wonham ont introduit la notion de contrôlabilité pour des SED afin de caractériser les langages supervisés d'un procédé (Ramadge et Wonham, 1987b).

Étant donné un procédé P et une spécification de fonctionnement S_{spec}, on souhaite synthétiser un superviseur S de façon à ce que le système en boucle fermée S/P; respecte la spécification.

Ainsi qu'on doit chercher le langage $L(P)\cap L(S_{spec})$. Ce langage appelé *fonctionnement désiré* correspond à l'ensemble des séquences qui peuvent être générées par le procédé et qui sont tolérées par la spécification, ce langage est noté L_D.

Il n'est pas toujours possible (prise en compte d'événements incontrôlables Σ_u) de restreindre, par la supervision, le fonctionnement d'un procédé à n'importe quel sous-langage de ce fonctionnement. L'existence d'un superviseur S tel que $L(S/P) = L_D$ réside dans le concept de *contrôlabilité.*

Définition 2-4

Un langage Y est dit contrôlable par rapport à un langage $L(P)$ si $\bar{Y}\,\Sigma_u \cap L(P) \subseteq \bar{Y}$.

Dans cette définition Y représente le langage de spécification et $L(P)$ le langage de procédé. Ainsi, le langage de spécification Y est contrôlable par rapport à un langage $L(P)$ si pour toute chaîne ω de $\bar{Y}$ et pour tout événement τ incontrôlable de Σ_u, la chaîne $\omega\tau$ appartient à $L(P)$, implique qu'elle appartient aussi à $\bar{Y}$.

- **Conditions d'existence d'un superviseur**

Soit *L(P)*, le langage du procédé et L_D, un fonctionnement désiré inclus dans *L(P)*. Quelle est la condition pour qu'un superviseur *S* existe tel que $L(S/P) = L_D$?

Pour un langage L_D préfixe-clos, non vide et inclus dans le langage *L(P)* du procédé, il existe un superviseur *S* tel que $L(S/P) = L_D$ si et seulement si L_D est contrôlable par rapport à *L(P)* (Ramadge et Wonham, 1989).

Si L_D n'est pas contrôlable par rapport au langage du procédé, il n'existe pas de superviseur *S* tel que $L(S/P)= L_D$. Dans ce cas, il est nécessaire d'être plus restrictif et la synthèse d'un superviseur requiert alors la détermination du langage suprême contrôlable.

- **Langage suprême contrôlable**

Pour un langage donné L_D non contrôlable, le plus grand sous-ensemble de L_D qui soit contrôlable sera appelé langage suprême contrôlable et sera noté $SupC(L_D)$.

$SupC(L_D)$ est inclus dans L_D. Or, puisque $SupC(L_D)$ est le plus grand élément contrôlable, alors le fonctionnement en boucle fermée obtenu est le plus large possible : il est dit permissif maximal. En ce sens, le fonctionnement est qualifié d'optimal.

II.1.3 : Synthèse du superviseur

À partir des modèles automates d'un procédé *P* et d'une spécification de fonctionnement S_{spec}, deux algorithmes permettent de vérifier la contrôlabilité du langage de spécification $L(S_{spec})$ (Ramadge et Wonham, 1987a) (Kumar, 1991). Si les spécifications sont contrôlables, l'automate P/S_{spec} décrivant le procédé supervisé est la composition synchrone des automates *P* et S_{spec}. Dans le cas où le langage $L(S_{spec})$ n'est pas contrôlable, il est possible de synthétiser un modèle automate du langage suprême contrôlable du fonctionnement désiré $SupC(L_D)$ décrivant le plus grand ensemble possible des séquences contrôlables du procédé respectant les spécifications. Cet ensemble est appelé le *maximum permissif*. À partir de $SupC(L_D)$, l'obtention d'un superviseur *S'* tel que $L(S'/P) = SupC(L_D)$, est systématique.

Intuitivement, la détermination de $SupC(L_D)$, revient à inhiber par la supervision les événements contrôlables qui précèdent, de "plus près", les états sources d'incontrôlabilité. Une telle inhibition d'événements contrôlables évite au procédé supervisé de se trouver dans un état à partir duquel l'occurrence d'un événement incontrôlable serait inévitable. La supervision permet ainsi d'assurer le fonctionnement spécifié de façon optimale.

Il existe dans la littérature plusieurs méthodes pour le calcul d'un langage suprême contrôlable (Ramadge et Wonham, 1987a; Brandin, 1989; Kumar, 1991).

L'algorithme proposé dans Ramadge et Wonham (1987a) est basé sur un calcul itératif. L'algorithme proposé dans Kumar (1991) est non itératif. Il est basé sur une détermination d'états défendus dans le modèle automate du fonctionnement désiré.

II.1.4 : L'algorithme de Kumar

Présentation intuitive

À partir des modèles accepteurs P d'un procédé et S_{spec} d'une spécification de fonctionnement, l'algorithme de Kumar (Kumar, 1991) permet de vérifier la contrôlabilité du langage de spécification $L(S_{spec})$. De plus, dans le cas où le langage $L(S_{spec})$ n'est pas contrôlable, cet algorithme permet de synthétiser un modèle accepteur du langage suprême contrôlable du fonctionnement désiré, c'est-à-dire, $SupC(L_D)$. Ceci est illustré dans la figure 2.4.

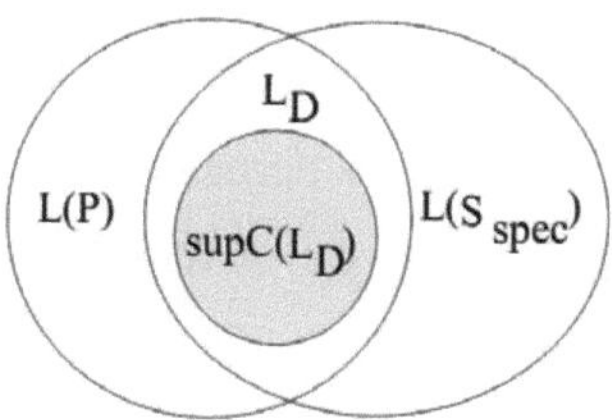

Figure 2.4 : Langage de spécification, fonctionnement désiré et langage suprême contrôlable

À partir du modèle accepteur de $SupC(L_D)$, l'obtention d'un superviseur S' tel que $L(S'/P)$ soit égal à $SupC(L_D)$ est alors systématique. Un tel superviseur S' permet le respect des contraintes de fonctionnement définies par S_{spec} de la façon la plus permissive possible. L'algorithme de Kumar est simplement basé sur la détermination des états défendus du modèle accepteur du fonctionnement désiré.

Présentation formelle

Soit $P = (Q, \Sigma, \delta, q_0)$ et $S_{spec} = (V, \Sigma, \xi, v_0)$, les modèles accepteurs du procédé et de la spécification. L'algorithme est basé sur les 4 pas suivants :

Pas 1. On construit le composé synchrone D de P et de S_{spec}, c'est-à-dire, $D = P \|_s S_{spec}$. Le langage $L(D)$ sera noté L_D.

Pas 2. On détermine l'ensemble des états défendus, où l'on appelle : état défendu, tout état (q, v) de D tel qu'il existe un événement incontrôlable $\sigma \in \Sigma_u$ où $\delta(q, \sigma)$ est définie dans P et $\xi(v, \sigma)$ n'est pas définie dans S_{spec}.

Pas 3. On détermine l'ensemble des états faiblement défendus, où l'on appelle : état faiblement défendu, tout état (q, v) de D qui n'est pas un état défendu et tel qu'il existe une séquence événements incontrôlables $s_u \in \Sigma_u^*$ qui conduit à un état défendu (q', v') de D.

Pas 4. On supprime de D l'ensemble des états défendus ainsi que l'ensemble des états faiblement défendus (ainsi que les transitions associées à ces états).

On supprime de D l'ensemble des états non accessibles, c'est-à-dire, tout état (q, v) tel qu'il n'existe pas de chemin permettant de rejoindre (q, v) depuis l'état initial. On appelle D' le modèle accepteur ainsi obtenu.

Le pas 2 signifie qu'un état (q, v) de D est un état défendu si on peut trouver un événement incontrôlable σ, tel que σ peut être généré par le procédé dans l'état q et σ n'est pas toléré dans la spécification dans l'état v.

II.2 : Méthodes de synthèse basées sur des outils de modélisation structurelles

Dans le cadre de la théorie de supervision, le générateur est supposé produire des événements de façon spontanée, la seule manière pour que le superviseur affecte le comportement du système est alors d'autoriser ou d'inhiber des événements contrôlables. Ce superviseur résultant des algorithmes (Ramadge et Wonham, 1987a ; Kumar, 1991) peut être décrit par des automates où plusieurs événements contrôlables sont permis dans un état donné.

Il est à noter que la théorie de supervision ne prend pas en compte complètement l'aspect commande. En effet, un système de commande ne se contente pas de l'autorisation et de l'inhibition d'événements, il doit en plus pouvoir forcer certains d'entre eux. Ce système de commande est souvent basé sur un ensemble de règles d'évolution prédéterminées proposant les actions appropriées. Ces actions correspondent aux événements contrôlables à appliquer sur le processus selon des observations, c'est-à-dire des événements incontrôlables provenant de la partie opérative. Après la synthèse de ces deux interprétations de ce qu'on appelle superviseur (Ramadge et Wonham, 1989) et contrôleur (Marikar *et al.*, 1998), leur implantation exige des outils méthodologiques additionnels pour les rendre conformes à une architecture industrielle.

Pour cela, de nombreux travaux ont été réalisés pour modéliser le comportement d'un SED et concevoir sa commande par supervision. Cependant, malgré la diversité de ces travaux, peu d'entre eux vont jusqu'à l'implantation de la commande élaborée.

Souvent l'utilisation des automates à états finis est adoptée pour spécifier la commande, et les automates programmables industriels (API) pour l'implanter. La spécification à base d'automates à états finis est une conséquence de l'utilisation de la théorie de supervision. L'implantation dans des API est liée à la prépondérance de cet outil pour la commande des processus industriels. Il faut préciser que les avantages ou les inconvénients de ces approches dépendent des outils utilisés et des démarches d'implantation préconisées.

Nous présentons, dans la suite, différentes approches développées. Leur nombre et leur diversité témoignent de l'intérêt de la démarche de synthèse de commande, de son implantation et des difficultés de mise en œuvre. Chacune des approches diffère par les moyens et les méthodes utilisés en termes d'interprétation de la théorie de supervision adoptée, d'algorithme de synthèse utilisé et de démarche d'implantation.

La figure 2.5 résume les principales approches de synthèse de commande en vue de son implantation.

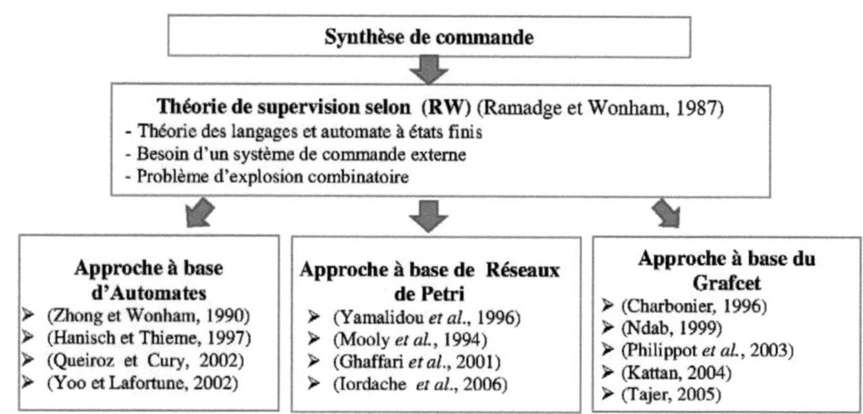

Figure 2.5 : Différentes approches de synthèse de commande

Une brève présentation des méthodes de synthèse basée sur des outils de modélisation structurelle (Grafcet et réseau de Petri) permet de mettre en évidence les problèmes, qui sont tant théoriques que pratiques, rencontrés lors de l'élaboration de la commande.

II.3.1 : Approches à base des Réseaux de Petri

Les approches présentées auparavant utilisent des automates à état pour générer la commande et fournissent un cadre pour établir des propriétés fondamentales pour le problème de synthèse de commande des systèmes à événements discrets. Cependant, ces approches ne présentent pas de modèles structurés pour des systèmes réels et sont caractérisées par le nombre d'états qui croissent exponentiellement en nombre d'états pour des systèmes plus complexes, ce qui limite les possibilités de développer des algorithmes efficaces pour l'analyse et la synthèse de la commande.

Ces limitations ont poussé à l'utilisation des modèles plus évolués tels que les RdP pour fournir des descriptions plus compactes dans le contexte de la théorie de supervision (Giua, 1996), car la structure du réseau peut être maintenue petite dans la taille, même si le marquage augmente. Plusieurs outils de synthèse de la commande à base de RdP existent dans la littérature mais seulement deux d'entre eux sont les plus utilisés : la méthode de la théorie des régions (Badouel *et al.*, 1994 ; Ghaffari *et al.*, 2001) et la méthode des invariants de marquage de place (Yamalidou *et al.*, 1996 ;

Moody et Antsaklis, 1998 ; Iordache *et al.*, 2006). Ces deux méthodes seront présentées au chapitre 3.

S'il existe de nombreux travaux liés à la synthèse d'une commande supervisée à partir de RdP, peu de ces travaux se sont intéressés à l'implantation de cette commande. Parmi ces travaux, on trouve ceux de Zhou et Dicesare (1993) qui consistent à obtenir une commande implantée dans un PC et directement liée aux équipements du système réel. D'autres approches sont basées sur une transformation du RdP, soit en un programme Ladder (Peng et Zhou, 2004) (Tzafestas *et al.*, 2002) (Park et Khargonekar, 2000), soit en SFC (Hellgren *et al.,* 2001), exécutable dans un API (Jafari et Boucher, 1994), (Zhou et Jeng, 1998).

Nous allons présenter ici deux approches qui consistent à implanter la commande spécifiée par RdP. La première approche est celle proposée par Hellgren et al. (Hellgren *et al.*, 2001), (Hellgren *et al.*, 2002). Celle-ci consiste à générer la commande utilisant le RdP pour modéliser le procédé et les spécifications, puis à l'implanter dans un langage SFC de la norme IEC 1131-3. Pour diminuer l'explosion combinatoire, la spécification du procédé et des contraintes se fait de façon modulaire pour ensuite extraire les superviseurs locaux, selon la théorie de supervision (Ramadge et Wonham, 1989). Pour que l'implantation de ces superviseurs soit compatible avec le choix du langage SFC, les problèmes de déterminisme et de synchronisation doivent être pris en compte.

Pour éviter ces problèmes, des techniques et des hypothèses ont été mises en place en utilisant des propriétés sur les transitions et une méthode de « paramétrisation » (Hellgren *et al.*, 2002). En plus, la démarche étant modulaire, une méthode de synchronisation a été développée. Dans cette approche, l'implantation en SFC (figure 2.6) se base sur une interprétation du RdP tout en passant par quelques étapes :

- Une méthode appelée « paramétrisation » est utilisée pour obtenir des modèles déterministes pour l'implantation dans un API (Hellgren *et al.*, 2002).
- Une conversion des modèles superviseurs du RdP en langage SFC est réalisée. Une synchronisation des différents modèles prend en compte les interactions

entre les différentes ressources du procédé d'une part, et les différentes spécifications d'autre part.

- Une résolution du problème de causalité (Fabian et Hellgren, 1998) détermine la source des événements générés. Pour cela, une construction d'un module appelé générateur d'événements (*Monitor event*) (Hellgren *et al.*, 2001) est utilisée.

Cette approche permet alors d'effectuer une interprétation selon certains critères liés à l'implantation en SFC. La difficulté d'une telle approche réside alors dans la vérification des hypothèses liées au déterminisme et à la synchronisation.

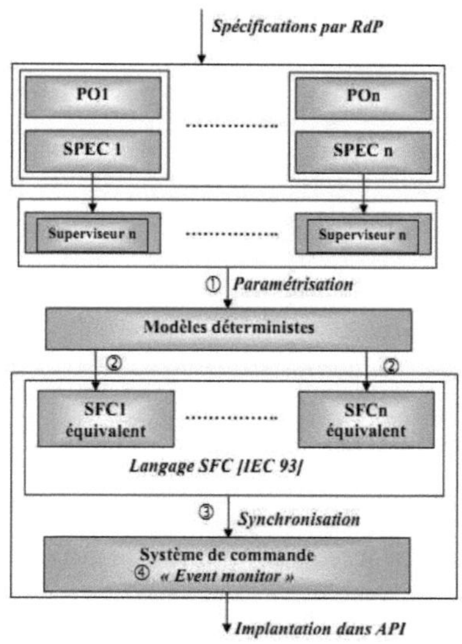

Figure 2.6 : Architecture d'implantation dans un API des RdP

La deuxième approche étudiée est présentée par Godon (1996), elle consiste à spécifier le comportement libre du procédé par des réseaux de Petri synchronisés. Les contraintes à respecter sont décrites par une liste de marquages interdits. Un modèle RdP, décrivant le plus large comportement qui respecte les contraintes, est ensuite élaboré. L'application du formalisme lié aux RdP permet de garantir l'absence de blocage, afin d'obtenir un superviseur au sens de *RW*, qui est implanté en tant que modèle de commande.

L'architecture d'implantation est représentée dans la figure 2.7. L'ensemble réside dans un PC, lié au procédé soit par le biais d'une carte d'E/S classique, soit par le biais d'une carte microcontrôleur. Dans cette approche, en plus du risque d'explosion combinatoire dû à l'utilisation d'une approche centralisée, le fait d'implanter le superviseur en tant que modèle de commande suppose que les objectifs de commande aient été intégrés dans la description du système. Cette démarche complexifie la tâche de modélisation pour le concepteur.

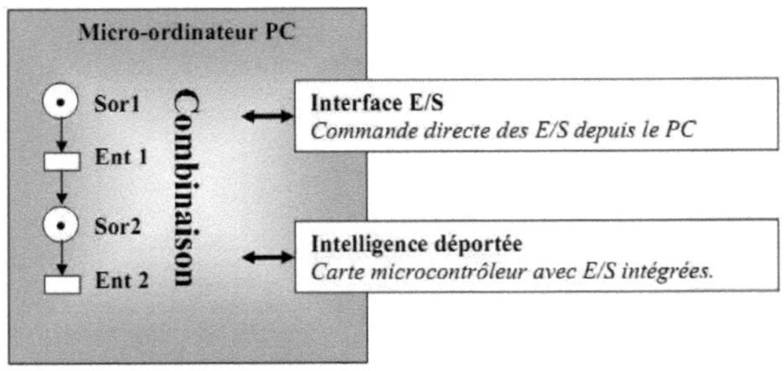

Figure 2.7 : Schéma de commande utilisant deux types d'interface de Godon

II.3.2 : Approches à base du Grafcet

La commande d'un système à événement discret est considérée comme un système réactif en interaction avec une partie opérative. La modélisation de cette commande prend en compte l'environnement du système commandé, c'est-à-dire que le système réagit aux évolutions de ses entrées et génère des sorties qui vont modifier l'état de la partie opérative. Si le temps de réaction de la commande est plus court que celui de la partie opérative, une hypothèse doit être ajoutée en considérant les entrées et les sorties qui en résultent comme synchrones (Lesage *et al.*, 1998). Pour cette raison, l'utilisation d'un modèle du procédé, sous forme d'automates à états par exemple, comme étant un modèle de commande opérationnelle, est à éviter. Le modèle qui répond à cette exigence, est le Grafcet ou un langage API.

Il existe peu de travaux (Ndjab, 1999 ; Philippot *et al.,* 2003 ; Tajer, 2005; Marangé *et al.,* 2008 ; Charbonnier, 1996 ; Kattan, 2004) liés à la synthèse d'une commande basée sur le Grafcet. Les travaux de Ndjab, Phillipot et Marangé considèrent le procédé comme étant une composition entre un procédé à commander et un système de commande. Le procédé étendu alors obtenu est un générateur d'événements en interaction avec un superviseur, conformément à la théorie de supervision. La dynamique de la commande et du superviseur est modélisée par des Grafcets. Pour que la sémantique du superviseur soit respectée, les Grafcets ne manipulent, en entrées et en sorties, que des événements.

1- La commande est spécifiée par un ensemble de Grafcets partiels décrivant les tâches à exécuter. Ces grafcets incluent les comportements supposés du procédé. Ils représentent ainsi le modèle dit du procédé étendu.

2- Les contraintes de sécurité et de vivacité de l'application sont spécifiées par des grafcets appelés « de supervision ». Ceux-ci servent à figer les actions des grafcets de commande.

3- Chaque grafcet partiel de commande est traduit, suite à l'introduction du figeage, en automate événementiel à états finis. Une traduction similaire est élaborée pour les grafcets de supervision.

4- La composition des différents automates résultant de la troisième étape permet d'obtenir le modèle du fonctionnement désiré.

La figure 2.8 résume leur démarche.

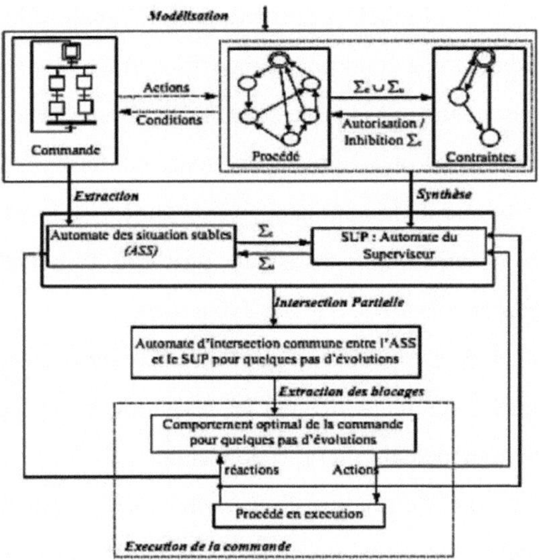

Figure 2.8 : Démarche de synthèse à base de Grafcet (Njab, 1999)

Lors que le système devient commandable, l'implantation de la commande se fait en implantant les grafcets de commande et ceux de supervision sur un API tels que présentée par la figure 2.9.

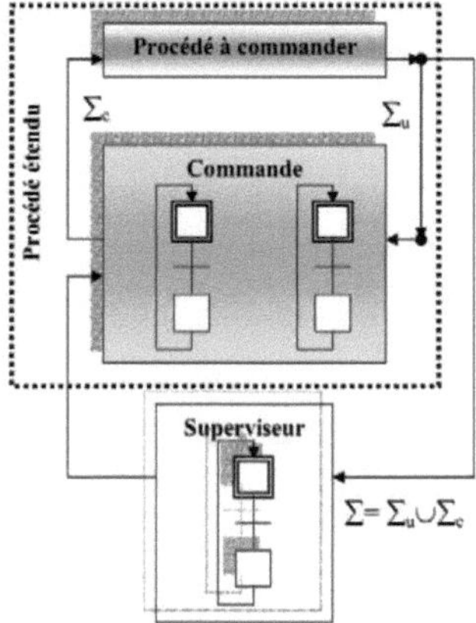

Figure 2.9 : Schéma d'implantation à base du Grafcet

Kattan (2004) a repris le travail de Charbonnier (1996) en développant deux extensions pour la synthèse de contrôleur des systèmes à événements discrets modélisés par Grafcets. La première contribution consiste à synthétiser un automate de superviseur dans le cas où le langage des spécifications n'est pas contrôlable par rapport au langage du procédé étendu. Pour implanter l'automate de superviseur obtenu, une méthode systématique de passage de l'automate superviseur au Grafcet superviseur de manière structurelle a été élaborée.

Toutefois, dans cette approche, le Grafcet final de superviseur obtenu contient un nombre important d'étapes identiques au nombre d'états de l'automate synthétisé. La complexité des superviseurs reste donc constamment conséquente. C'est pour cette raison que Kattan a développé une approche de synthèse structurelle, dans laquelle la taille du Grafcet obtenu est réduite et implantable dans des automates programmables. Cette méthode est basée sur les invariants de marquage qui permettent de déterminer un certain nombre d'étapes (figure 2.10), appelées étapes de contrôle, à ajouter au modèle initial pour faire respecter les spécifications de commande.

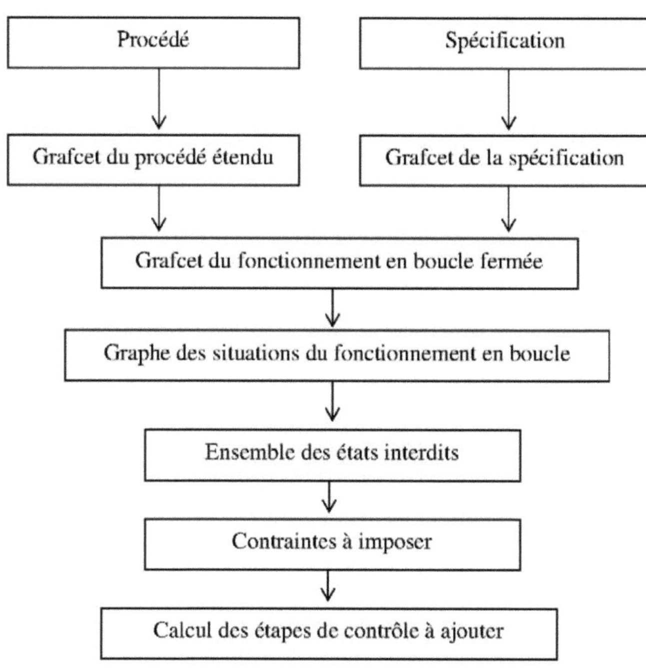

Figure 2.10 : Les étapes nécessaires pour synthétiser le contrôleur

Apports et limitations

L'approche (Charbonnier, 1996) précédente a présenté les travaux relatifs à l'association du Grafcet et de la théorie de supervision. Elle a donné lieu à son implantation dans l'atelier inter-établissement de productique de Dauphiné Savoie (Grenoble) à base de 77 Grafcets et 200 entrées/sorties. L'utilisation des Grafcets séquentiels avec figeage pour décrire les contraintes de supervision constitue une commodité intéressante de modélisation par rapport à une description par automates. Malheureusement, il n'est pas possible de retrouver la structure de Grafcet du départ car la taille du Grafcet obtenu correspond à celle de l'automate du superviseur optimal. Ce résultat limite l'application de cette technique à des systèmes plus complexes et a conduit Kattan (2004) à proposer une méthode de synthèse de commande structurée basée sur le Grafcet. Toutefois, ces deux approches sont limitées par le fait d'intégrer les automates finis dans le processus de synthèse, ce qui limite l'utilisation de cette méthode par des automaticiens classique de nos industries.

Conclusion

Dans ce chapitre, nous avons présenté la théorie de supervision des SED. Cette théorie, initiée par Ramadge et Wonham, est basée sur des concepts formels tels que les langages formels et les automates pour la modélisation et la synthèse de la commande des SED. L'objectif de la théorie de supervision est la synthèse d'une entité externe au système, appelée superviseur, capable de faire respecter à la commande un comportement désiré en tenant compte des possibilités technologiques, des contraintes fonctionnelles, des contraintes de sécurité, etc. Le superviseur agit par inhibition d'événements contrôlables et doit tolérer tous ceux qui sont incontrôlables.

Cependant, cette théorie considère d'une part que le procédé génère des événements spontanément sans système de commande externe pour forcer des événements. D'autre part, elle manque de convivialité en raison de l'utilisation de langages formels ou de graphes d'états rudimentaires pour spécifier la commande, ce qui conduit à l'explosion combinatoire lors de la synthèse d'un superviseur. Si les premiers résultats de cette théorie doivent permettre la synthèse de la commande sur des cas d'étude de taille réduite, leur application pour la synthèse de commande au niveau industriel pose toujours un problème.

Plusieurs travaux se sont développés pour résoudre ces difficultés. Mais, très peu concernent la manière d'implanter une commande issue de la théorie de supervision, car les procédures de synthèse fournissent un modèle d'un superviseur abstrait qui ne peut être implanté en l'état dans un système réel. Ces approches privilégient majoritairement le modèle automate pour spécifier la commande et l'Automate Programmable Industriel comme environnement d'implantation.

Les approches à base d'automates, de réseaux de Petri et à base de Grafcet que nous avons présentées dans ce chapitre proposent chacune une méthodologie de synthèse de commande en vue de son implantation dans un API. Cependant, dans chaque approche, des hypothèses restrictives limitent l'applicabilité.

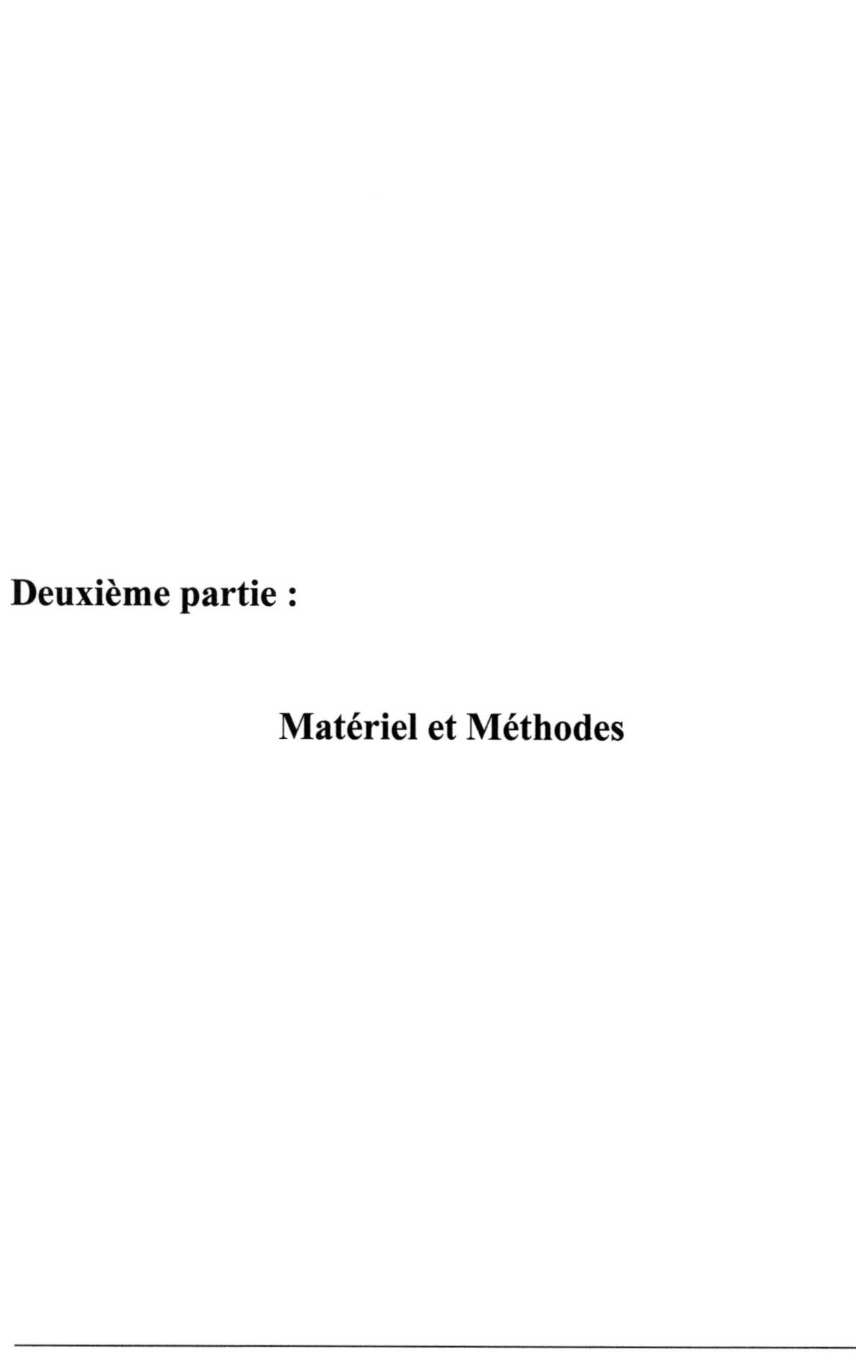

Deuxième partie :

Matériel et Méthodes

Chapitre III

Matériel et méthodes

Dans la littérature, un système manufacturier est très sollicité par les chercheurs pour l'application de leurs démarches. Nous ne ferons pas l'exception, nous adopterons le même système pour notre travail. Le système est décrit dans (Kattan, 2004). Nous avons choisi premièrement le système manufacturier simplifié (SM 1) pour les besoins de compréhension des différentes méthodes que nous présenterons. Pour ce qui est de notre travail proprement dit, le système manufacturier est un peu plus complexe (SM 2).

Nous avons choisi de proposer deux approches de supervision à base du Grafcet. La première approche est un rapprochement par rapport à la synthèse de superviseur à base des automates finis. Plusieurs méthodes de synthèse existent dans la littérature (Ramadge et Wonham, 1989; Brandin, 1989; Kumar, 1991). Nous avons choisi l'algorithme de Kumar pour la possibilité d'adaptation à notre vision de supervision à base du Grafcet. La deuxième approche est un rapprochement par rapport à la synthèse de superviseur à base des RdP. Deux méthodes parmi tant d'autres sont les plus employées dans la littérature : la théorie des régions et les invariants de marquage. Nous allons présenter ces dernières, car elles seront employées dans notre approche.

III.1 : Matériel

Comme nous l'avons dit plus haut, ce système est décrit dans la thèse de doctorat de Bassam Kattan (Kattan, 2004).

III.1.1 : Système manufacturier 1 (SM 1)

On considère un système manufacturier composé de deux machines identiques, M_1 et M_2, et un stock entre ces deux machines. Conformément à la figure 3.1, les deux machines travaillent de façon indépendante, puisent des pièces brutes en amont et rejettent des pièces usinées en aval.

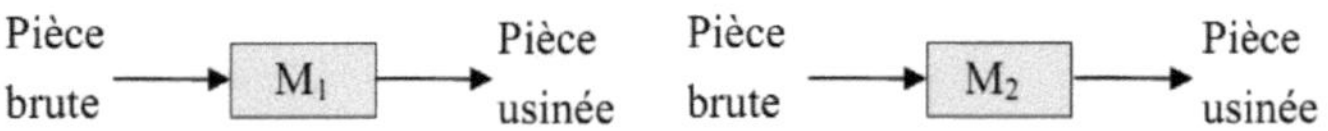

Figure 3.1 : Un système manufacturier

Spécification :

Le fonctionnement de notre système manufacturier doit respecter la présence d'un stock de capacité limitée à 1, situé entre les deux machines. Nous supposons donc à présent que les machines travaillent en série.

Figure 3.2 : Système manufacturier sous la contrainte de stock

III.1.2 : Système manufacturier 2 (SM 2)

Notre matériel 2 est un système manufacturier décrit dans la thèse de Kattan (Kattan, 2004). On considère l'exemple d'un système manufacturier composé de deux machines indépendantes, M_1 et M_2, chargées d'usiner des pièces, équipées chacune d'un robot de transfert vers un banc de test où les pièces usinées sont testées (Figure 3.3).

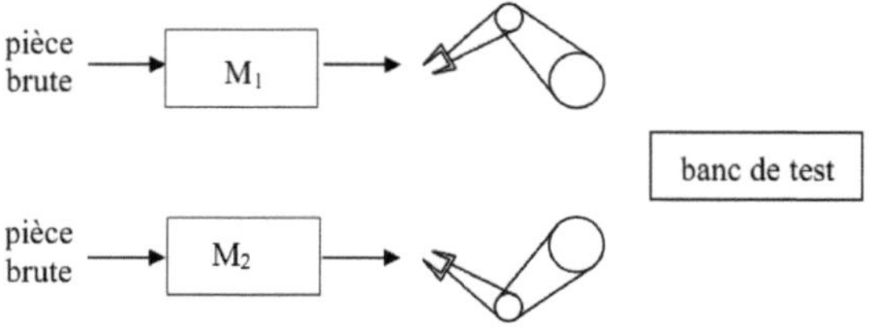

Figure 3.3 : Système manufacturier 2

Chaque machine M_i ($i \in [1, 2]$) a le cycle de fonctionnement suivant : à l'occurrence de l'événement c_i le travail sur la machine commence (action D_i). Lorsque le travail est fini (occurrence de l'événement f_i), la pièce est transférée par le robot sur le banc de test (action T_i) et un nouveau cycle peut démarrer (occurrence de l'événement t_i).

Spécification

On désire que les pièces soient transférées dans l'ordre : pièce produite par la machine M_1 suivie d'une pièce produite par la machine M_2 et ainsi de suite.

III.2 : Méthodes

Dans la littérature, il n'existe aucune méthode de synthèse propre au Grafcet. Les auteurs font une transformation préalable du modèle Grafcet en modèle automate avant d'appliquer un algorithme de synthèse. L'algorithme de Kumar décrit au chapitre II est le plus sollicité. Néanmoins, il existe plusieurs méthodes de calcul du superviseur pour les outils structurels tels que les RdP desquels découle le Grafcet. Seulement deux des méthodes sont les plus utilisées : la méthode des invariants de marquage et de la théorie des régions.

III.2.1 : La théorie des régions

Cette méthode a été proposée par Ghaffari (Ghaffari *et al.*, 2001). La méthode opère en deux phases.

- Une première phase, basée sur le graphe de marquage, permet de déterminer l'ensemble des marquages admissibles. Pour déterminer l'ensemble des marquages admissibles, on suit les étapes suivantes :
  - Étape 1 : Détermination de l'ensemble des marquages interdits.
  - Étape 2 : Génération du graphe des marquages partiels.
  - Étape 3 : Détermination de l'ensemble des marquages dangereux.
  - Étape 4 : Recherche de l'ensemble des marquages admissibles.
  - Étape 5 : Recherche du comportement admissible du procédé R_c.
- Une deuxième phase pour le calcul des places de contrôle. Ceci implique que :

- Pc doit vérifier les conditions d'atteignabilité, i.e. :

$$M(P_c) = M_0\,(P_c) + W(P_c, .)\ \overline{\Gamma}_M \geq 0 \quad \forall\ M \in R_c \tag{1}$$

$\overline{\Gamma}_M$ est un chemin non orienté de R_c joignant M_0 et M.

- Pc doit satisfaire les équations de cycle correspondant aux cycles de R_c, donc l'application de l'équation (1) le long d'un cycle non orienté quelconque γ de P conduit à la relation suivante :

$$\sum W(P_c,T_i).\ \vec{\gamma}\,[T_i] = 0 \qquad \forall\, \gamma \in S_c \tag{2}$$

où $\vec{\gamma}\,[T_i]$ désigne la somme algébrique de toutes les occurrences de T_i dans γ et S_c est l'ensemble des cycles de base du graphe R_c. $\vec{\gamma}$ est le vecteur d'occurrences de γ. L'équation (2) est appelée l'équation de cycle.

- chaque place P_c doit interdire une transition contrôlable qui mène à un état interdit. Cette interdiction se fait par la solution de l'équation suivante :

$$M_0\,(P_c) + W(P_c,\,.\,)\,\vec{\Gamma}_M + W(P_c,\,T_i\,) < 0 \tag{3}$$

Ainsi, pour chaque transition contrôlable qui mène à un état interdit, on résout le système composé des équations de relations (1), (2) et (3) pour déterminer une nouvelle place de contrôle Pc. Le problème de commande par supervision peut être résolu de façon optimale par l'ajout d'un ensemble de places de contrôle au modèle du système en question si et seulement s'il existe une solution $W(P_c\,,.\,)$, $M_0(P_c)$ vérifiant les équations précédentes pour chaque transition contrôlable qui mène à un état interdit.

Application

Reprenons l'exemple SM 1. Les machines ainsi que la spécification sont modélisées par des RdP. Les modèles des machines M_1, M_2 et la spécification sont donnés sur la figure 3.4 (a), (b) et (c) respectivement.

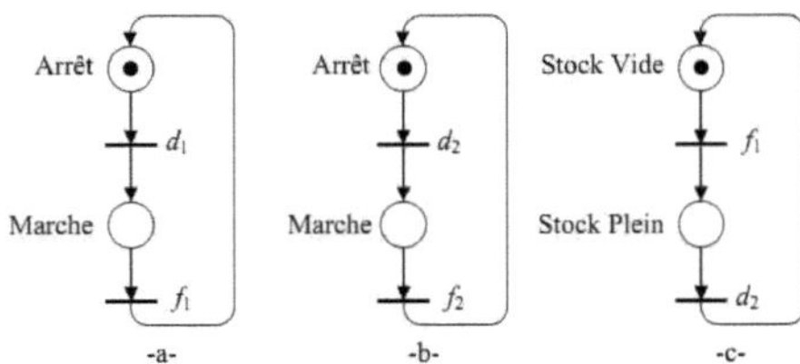

Figure 3.4 : Modèle de RdP. a) Machine 1. b) machine 2. c) Spécification

Les transitions d_1 et d_2 sont contrôlables et les transitions f_1 et f_2 ne sont pas contrôlables. Le fonctionnement en boucle fermée de procédé global (M_1 et M_2) et la spécification nous donnent le graphe de marquage de la figure 3.5.

Dans le fonctionnement en boucle fermée, une transition est franchissable si elle est validée par rapport au procédé et validée par rapport à la spécification. Les transitions communes au modèle du procédé et à la spécification sont f_1 et d_2.

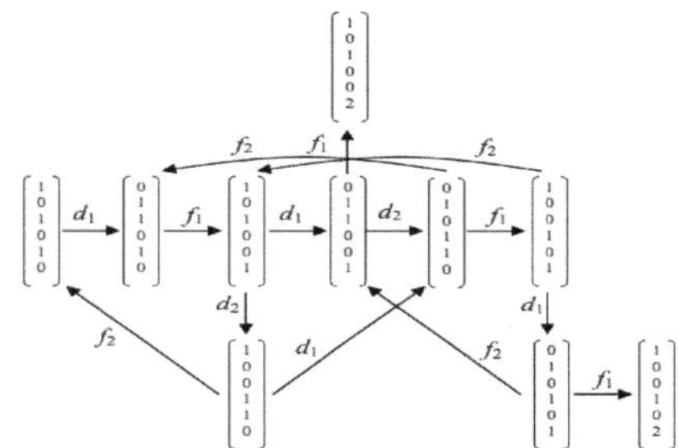

Figure 3.5 : Graphe de marquage

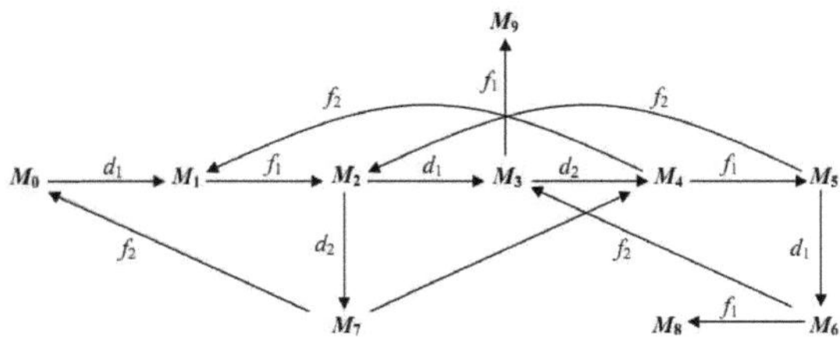

Figure 3.6 : Graphe d'atteignabilité partiel

L'ensemble des marquages interdits est $\{M_8\ ,\ M_9\}$; $M_9 = (1,0,1,0,0,2)$, $M_8 = (1,0,0,1,0,2)$.

L'ensemble des marquages dangereux est $\{M_3\ , M_6\}$.

L'ensemble des marquages admissibles est $\{M_1\ , M_2\ , M_4\ , M_5\ , M_7\}$.

Pour ne pas atteindre le marquage M_3, il faut interdire la transition d_1 à partir du marquage M_2, et pour ne pas atteindre le marquage M_6, il faut interdire la transition d_1 à partir du marquage M_5.

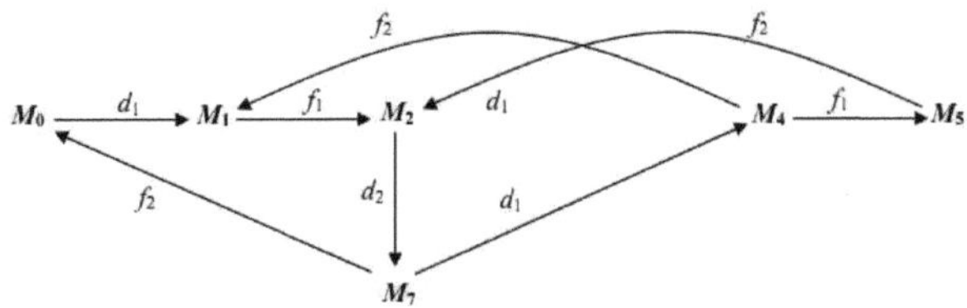

Figure 3.7 : Graphe de comportement admissible R_C

Pour la première transition à interdire, on cherche la solution $(W(P_{c1}, .), M_0(P_{c1}))$:

$$M_3(P_{c1}) = M_0(P_{c1}) + W(P_{c1}, d_1) + W(P_{c1}, f_1) + W(P_{c1}, d_1) < 0$$

$$M_0(P_{c1}) + 2\,W(P_{c1}, d_1) + W(P_{c1}, f_1) < 0$$

On résout le système composé des équations précédentes. On trouve la place de contrôle à ajouter P_{c1} telle que :

$$W(P_{c1}, .) = (-1, 0, 1, 0) \text{ et } M_0(P_{c1}) = 1.$$

Pour la deuxième transition à interdire on a :

$$M_6(P_{c2}) = M_0(P_{c2}) + 2\,W(P_{c2}, d_1) + 2\,W(P_{c2}, f_1) + W(P_{c2}, f_2) + (P_{c2}, f_1) < 0$$

On résout le même système des équations, on trouve la place de contrôle à ajouter P_{c2} telle que :

$$W(P_{c2}, .) = (-1, 0, 1, 0) \text{ et } M_0(P_{c2}) = 1.$$

On supprime la place P_{c2} parce qu'elle est redondante. Le modèle de RdP de système supervisé est donné dans la figure 3.8.

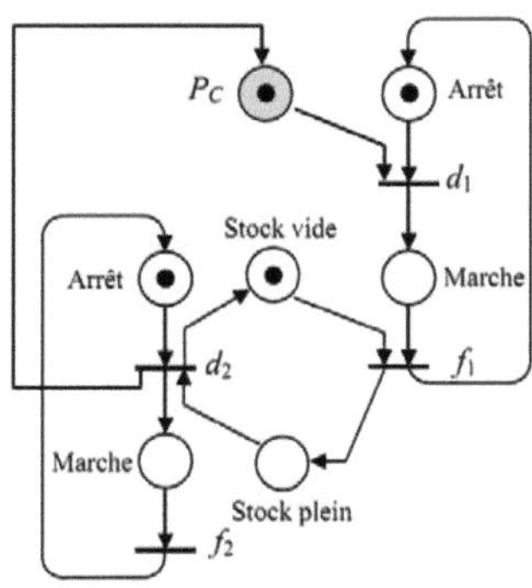

Figure 3.8 : Le modèle de RdP du système supervisé

III.2.2 : Calcul du superviseur par les invariants de marquages

Cette méthode a été proposée par Yamalidou (Yamalidou *et al.*, 1996). Elle présente une nouvelle approche pour construire un contrôleur en boucle fermée d'un système modélisé par un RdP. Le contrôleur se compose de places et d'arcs calculés à l'aide du concept d'invariants de marquage. Dans cette approche, les spécifications sont données par des contraintes linéaires entre les marquages des places du RdP. L'idée consiste à construire un invariant de marquage pour chaque contrainte, de telle manière que l'ensemble des marquages atteignables soit réduit aux seuls marquages vérifiant la contrainte.

Le contrôleur correspond à des places qui sont reliées aux transitions du RdP de procédé, de telle façon qu'il est garanti que le système n'atteindra pas un état interdit. Le procédé combiné du RdP du procédé et du contrôleur possède des invariants de marquage nécessaires pour assurer que l'ensemble des contraintes ne sera pas violé.

Dans le cas général, le contrôleur n'est pas nécessairement optimal, mais il est calculé facilement et sa taille est égale au nombre des contraintes. En outre, il peut être utilisé comme une très bonne estimation préliminaire pour les autres méthodes qui sont capables de calculer un contrôleur optimal d'un RdP. Sa dimension étant relativement petite, il simplifiera le calcul nécessaire pour atteindre le contrôleur optimal.

Notations et définitions

Une séquence du franchissement S réalisable à partir d'un marquage M_i peut s'écrire : $M_i\ [S\ \rangle\ M_k$. Un marquage M est atteignable depuis M_0 s'il existe une séquence S telle que $M_0\ [S\ \rangle\ M$. La matrice d'incidence W associée à un RdP correspond à sa structure (indépendante du marquage), une colonne de cette matrice correspond à la modification du marquage apportée par le franchissement de la transition correspondante.

Équation fondamentale

À chaque séquence de franchissement est associé un vecteur caractéristique noté S. C'est un vecteur de dimension m (nombre de transitions) où la composante numéro j correspond au nombre de franchissements de la transition T_j dans la séquence S.

Si la séquence de franchissement S est réalisable à partir d'un marquage M_i, le marquage atteint, M_k, est donné par l'équation fondamentale :

$$\underline{M_k} = M_i + W \,.\, \underline{S} \tag{4}$$

$\underline{S}$ est le vecteur caractéristique d'une séquence S qui mène de M_i à M_k.

Invariants de marquage

L'invariant de marquage est une propriété structurelle importante pour analyser les RdP, car il ne dépend pas du marquage. Il permet d'étudier la structure du réseau indépendamment de toute évolution dynamique. Des invariants de franchissement sont également définis dans les RdP, mais ils ne sont pas utilisés dans ce travail.

L'invariant de marquage correspond à une somme pondérée de marquages de places qui est constante quel que soit le marquage accessible.

Un invariant est déterminé à partir de vecteurs X, calculés en trouvant les solutions de l'équation suivante :

$$X^T.W = 0, \tag{5}$$

où W est la matrice d'incidence du RdP de dimension n x m, et X un vecteur de dimension n appelé *P-semi-flot*.

L'invariant de marquage déduit de tout P-semi-flot est donné par la relation suivante :

$$X^T.\, M = X^T.\, M_0\,, \tag{6}$$

où : M_0 est le marquage initial du réseau, et M représente tout marquage accessible.

Nous allons décrire maintenant comment les invariants de marquage peuvent être utilisés pour calculer de manière simple le contrôleur d'un procédé modélisé par un RdP.

Description de la méthode

Le système qui doit être contrôlé est modélisé par un RdP, ce réseau s'appelle modèle du procédé, la matrice d'incidence du réseau du procédé est W_P. Il est possible que le comportement dynamique du procédé viole certaines contraintes imposées. Dans ce cas, un système de commande doit être synthétisé.

Le contrôleur fonctionne en parallèle avec le procédé, son rôle est de surveiller le procédé et de prendre des actions correctives pour éliminer tout comportement indésirable. Soit W_C, la matrice d'incidence du RdP correspondant au contrôleur. Ce RdP est formé des transitions du modèle du procédé et d'un ensemble séparé des places. Le RdP du système commandé est formé du RdP du procédé et celui du superviseur. L'objectif du superviseur est de forcer le système à respecter des contraintes de type :

$$\sum_{i=0}^{n} li\ M(Pi) \leq \beta \qquad (7)$$

où $M(P_i)$ est le marquage de la place P_i, et l_i, β sont des nombres constants entiers positifs.

Par exemple, la contrainte $M(P_1) + M\ (P_2) \leq 1$ signifie que les places P_1 et P_2 ne peuvent pas être marquées en même temps. Ces contraintes sont ici des spécifications imposées par le cahier des charges.

Chaque inégalité de type (7) peut être transformée en une égalité en ajoutant une variable positive et entière $M(P_c)$, et la contrainte devient : $M(P_1) + M(P_2) + M(P_c) = 1$, ou en général :

$$\sum_{i=0}^{n} li\ M(Pi) + M(Pc) = \beta \qquad (8)$$

Cette variable représente une nouvelle place P_c qui contient le marquage supplémentaire nécessaire pour satisfaire l'égalité. Elle garantit que la somme pondérée des marques dans les places du réseau du procédé reste toujours inférieure ou égale à β. Elle respecte donc la spécification. La place qui maintient la contrainte appartient au RdP du contrôleur.

La structure du réseau de contrôleur sera calculée en observant que l'introduction de la variable $M\ (P_c)$ introduit un invariant de marquage dans le système contrôlé défini par (8).

Calcul du contrôleur :

Chaque contrainte du type (7) imposée au réseau va avoir une variable associée avec elle, et chaque variable sera représentée dans le réseau du contrôleur comme une place. Donc la dimension (nombre de places) du réseau du contrôleur est égale au nombre des contraintes imposées. Chaque place de contrôleur va ajouter une ligne à la matrice d'incidence de procédé contrôlé W. Cette matrice sera composée de deux matrices, la matrice originelle de dimension n x m du modèle de procédé W_p et la matrice d'incidence du contrôleur W_c.

Les arcs reliant les places du contrôleur avec les transitions du RdP original seront calculés par l'équation des invariants de marquage (9), où les inconnues sont les éléments de la nouvelle ligne de la matrice W et le vecteur X est le P-semi-flot désiré qui est défini par l'équation (7), c'est-à-dire : $x^T = [l_1\ l_2\ ...\ l_n\ 1]$.

Le problème du contrôle peut généralement être décrit comme suit : toutes les contraintes du type (8) peuvent être groupées et écrites sous la forme matricielle suivante :

$$L.M_P \leq b \tag{9}$$

où :

M_P est le vecteur de marquage du RdP de procédé.

L est une matrice de dimension $n_c \times n$, où n_c est le nombre des contraintes de type (7).

b est un vecteur de dimension n_c, dont les éléments sont de nombres entiers.

Toutes les équations des invariants du type (9), sont déterminées après l'introduction des variables M_C. Elles peuvent être écrites sous la forme matricielle suivante :

$$L.M_p + M_c = b, \tag{10}$$

où, M_c est un vecteur à n_c éléments qui représente le marquage des places de contrôleur. Chaque invariant de marquage défini par (11) doit satisfaire :

$$X^T W = [L \quad I] \begin{bmatrix} W_P \\ W_C \end{bmatrix} = 0$$

$$L.W_p + W_c = 0,$$

où la matrice $[L \quad I]$ représente les n_c différents P-semi-flots, I est la matrice unité avec $n_c \times n_c$ éléments.

La matrice W_c contient les arcs qui relient les places de contrôleur aux transitions du RdP du procédé. Etant donné un modèle de RdP d'un procédé W_p, et des contraintes que le procédé doit satisfaire (L et b), le RdP de contrôleur W_c est déduit de l'équation ci-dessus, soit:

$$W_c = -L.W_p \tag{11}$$

C'est cette formule extrêmement simple qui a fait le succès de cette approche. Le marquage initial du RdP du contrôleur M_{co} peut être calculé à partir de l'équation (10) :

$$L.M_{po} + M_{co} = b$$

Donc :

$$M_{co} = b - L.M_{po} \tag{12}$$

La matrice d'incidence du système supervisé est donnée par :

$$W = \begin{pmatrix} Wp \\ Wc \end{pmatrix}$$

Le marquage M et le marquage initial M_0 sont donnés par :

$$M = \begin{pmatrix} Wp \\ Wc \end{pmatrix} \qquad M_0 = \begin{pmatrix} W_{P0} \\ W_{C0} \end{pmatrix}$$

Application

Considérons le matériel SM1 décrit précédemment:

- ***Modèle de RdP des machines et de la spécification***

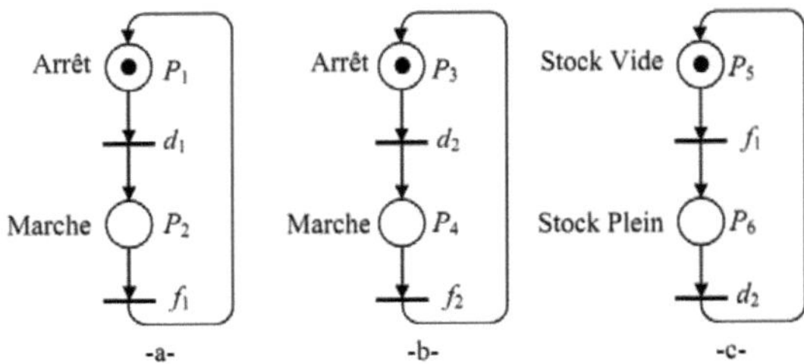

Figure 3.9 : Modèle de RdP. a) Machine 1. b) machine 2. c) Spécification

La spécification est modélisée par l'interdiction du marquage des places P_2 et P_6 simultanément, c'est-à-dire qu'il ne faut pas que la machine M_1 soit en état de marche si le stock est plein, ce qui est traduit par la contrainte suivante :

- **Équation-contrainte**

$$M(P_2) + M(P_6) \leq 1$$

- **Vecteur de contrainte**

$$L = [\,0 \;\; 1 \;\; 0 \;\; 0 \;\; 0 \;\; 1\,]$$

- **Matrice d'incidence du procédé de fonctionnement en boucle fermée**

$$W_p = \begin{bmatrix} -1 & 1 & 0 & 0 \\ 1 & -1 & 0 & 0 \\ 0 & 0 & -1 & 1 \\ 0 & 0 & 1 & -1 \\ 0 & 0 & 1 & 0 \\ 0 & 0 & -1 & 0 \end{bmatrix}$$

- **Vecteur du contrôleur**

$$W_c = -L.W_c \Rightarrow W_c = [-1 \;\; 0 \;\; 1 \;\; 0].$$

Donc, pour satisfaire la spécification, il faut ajouter une place de contrôle P_c où la matrice d'incidence de la partie de contrôle est W_c.

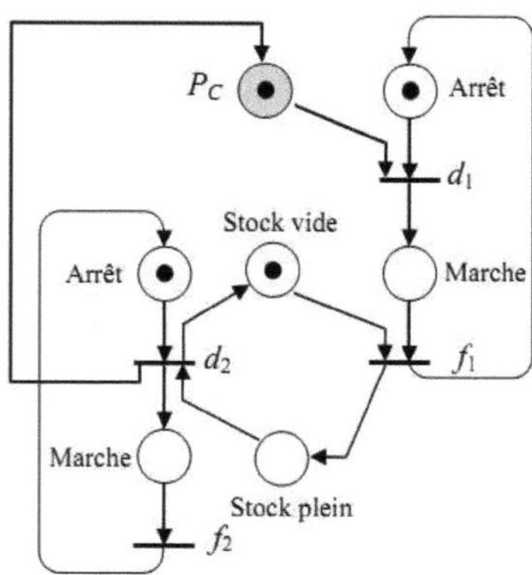

Figure 3.10 : Modèle RdP du système supervisé

Conclusion

Dans ce chapitre, nous avons présenté deux outils de synthèse des outils structurels. L'algorithme de Kumar, qui donne un superviseur suprême contrôlable, est utilisé seulement après transformation des modèles en automates. La théorie des régions donne une solution structurelle optimale, mais difficile à mettre en œuvre. L'approche basée sur les invariants est plus accessible, mais confrontée à la difficulté de trouver toutes les contraintes linéaires. L'algorithme de Kumar, conçu pour la synthèse de superviseur modélisé à base des automates finis sera adapté pour notre approche afin d'être appliqué directement sur un Grafcet. C'est l'objet du chapitre suivant.

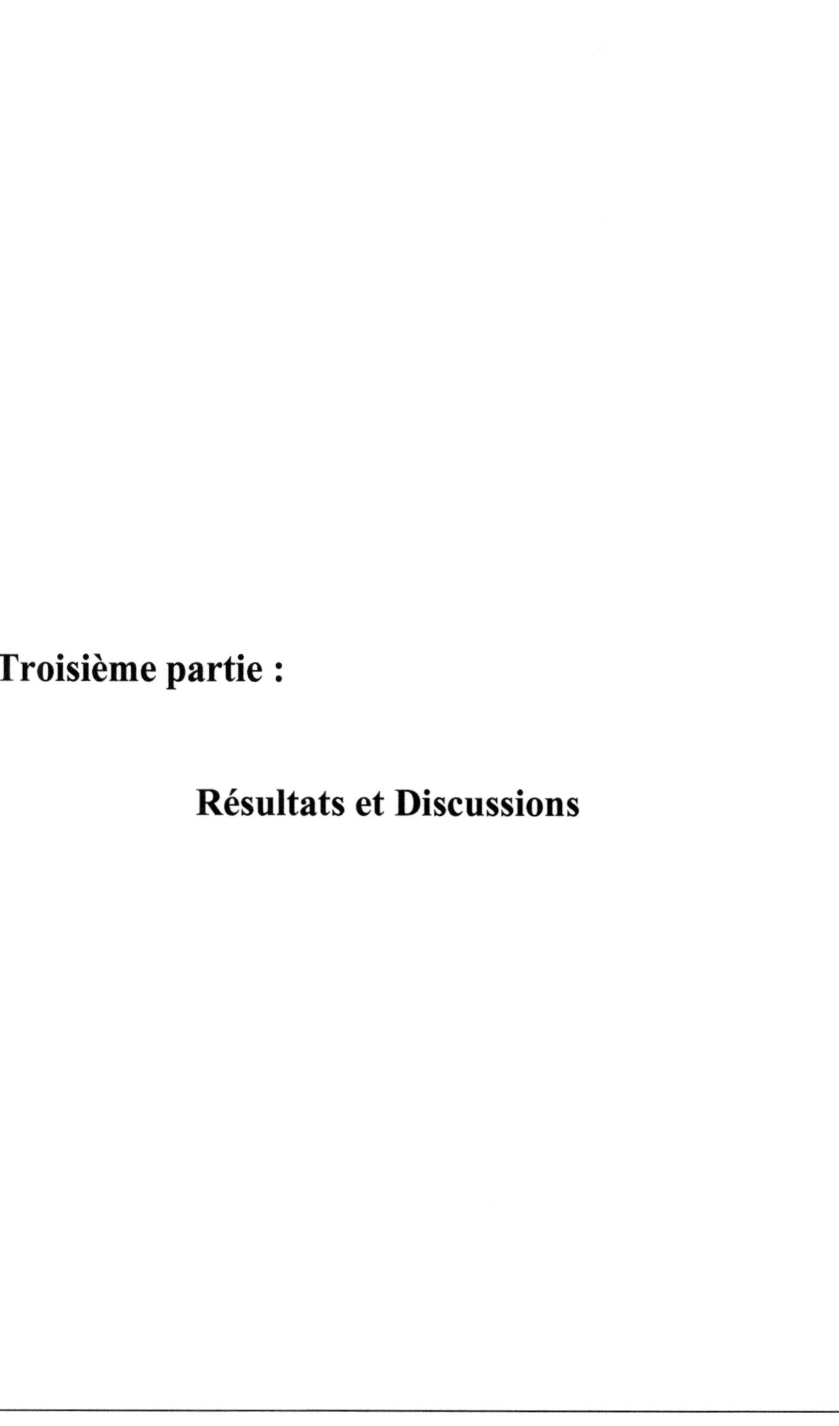

Troisième partie :

Résultats et Discussions

Chapitre IV

Synthèse de la commande supervisée d'un système modélisé par Grafcet par rapprochement avec les automates finis

Dans le concept de la théorie de supervision (Ramadge et Wonham, 1987a), les modèles automates du procédé et des spécifications sont donnés, le superviseur obtenu après le processus de synthèse a pour seuls rôles d'autoriser ou d'empêcher les actions entreprises par la commande. Le rapprochement avec la supervision à base des automates finis consiste à obtenir le langage suprême contrôlable. Plusieurs travaux ont développé des algorithmes à cet effet (Ramadge et Wonham, 1989 ; Brandin, 1989 ; Kumar, 1991). Nous avons choisi l'usage de l'algorithme de Kumar présenté dans le chapitre 3.

Le Grafcet superviseur que nous obtiendrons jouera le rôle d'autorisation ou d'inhibition des évènements. Les modèles Grafcet du procédé et des spécifications sont donnés, la synthèse est obtenue par l'application de l'algorithme de Kumar qui permet d'avoir un *Grafcet suprême contrôlable*. La taille sera sans doute considérable, c'est ce qui limite cette technique pour les problèmes réels.

Le respect des spécifications revient à déterminer des états interdits qui doivent devenir inaccessibles par une action du superviseur. Un moyen d'y arriver est de supprimer les états indésirables du Grafcet superviseur. L'algorithme de Kumar (Kumar, 1991) consiste à composer les modèles de la commande et des spécifications afin d'avoir un comportement commun. Le graphe de comportement commun ressort tous les états atteignables par le procédé. Les états interdits sont alors supprimés et l'on obtient ainsi le langage suprême contrôlable.

Notre objectif est de faire la synthèse d'un contrôleur basé uniquement sur l'outil de modélisation Grafcet. La figure 4.1 représente les étapes nécessaires pour synthétiser le superviseur.

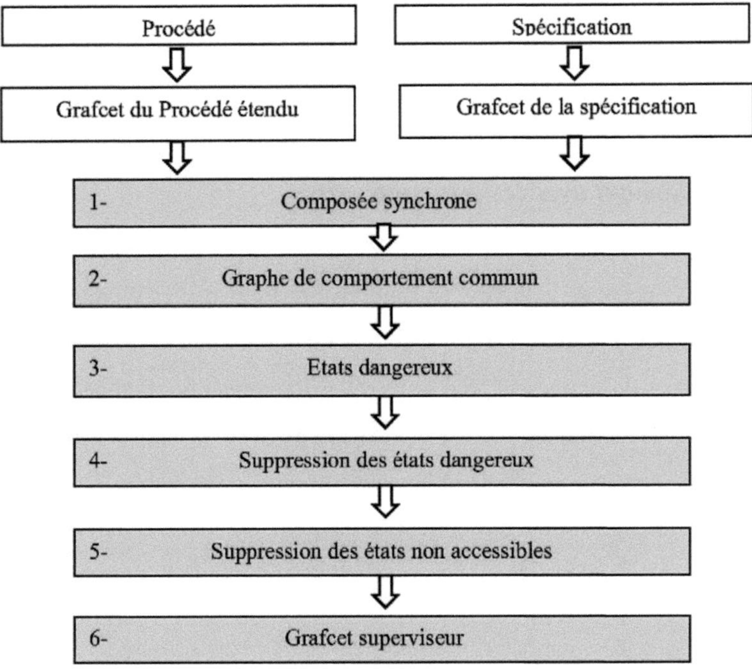

Figure 4.1 : Les étapes nécessaires pour synthétiser le Grafcet superviseur

Le point de départ consiste à modéliser le procédé et les spécifications par des Grafcets. Le comportement désiré en boucle fermée est obtenu par la composition des deux Grafcets (étape 1 dans la figure 4.1). La construction du Grafcet de comportement commun (étape 2) à partir du Grafcet synchronisé permettra de repérer les états dangereux (étape 3) ; la suppression de ces derniers (étape 4) génère quelque fois des états inaccessibles. Si les états inaccessibles existent, on les supprime (étape 5). On obtient alors un Grafcet superviseur contrôlable que l'on pourra directement implanter dans un API à travers le langage SFC.

En se basant sur le comportement d'un Grafcet et en s'inspirant des règles de composition des automates finis, nous proposons des lois de composition de Grafcets. Nous avons relevé des similitudes dans certains cas de composition. Le Grafcet permet de dépasser la limite de non simultanéité d'apparition des évènements pour le cas de composition des automates finis ; deux évènements ne peuvent advenir au même moment alors que dans un procédé réel, ce cas est très possible. Nous avons donc pris en considération cette situation.

Nous avons de prime-à-bord fait certaines équivalences des deux langages (automate et Grafcet), ensuite nous avons proposé des lois de composition des Grafcets.

IV.1 : Équivalences entre le Grafcet et l'automate fini

Équivalence 1 :

L'état initial d'un automate est identifié par une flèche-source, tandis que celui du Grafcet est identifié par un double rectangle. L'évolution d'un état à un autre par une transition simple dans un automate est semblable à celui du Grafcet.

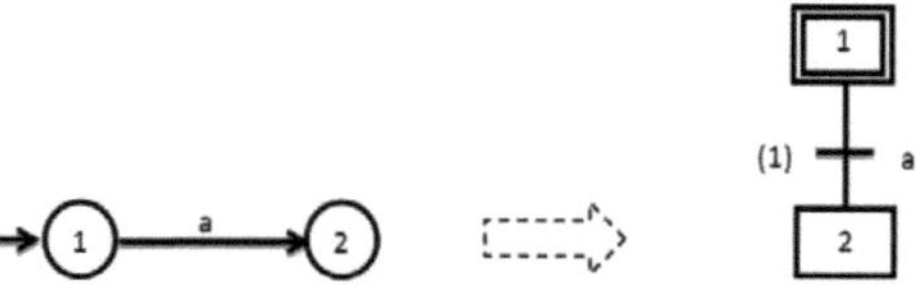

Équivalence 2 :

Une évolution donnant un choix dans un automate est une divergence en **OU** dans un Grafcet.

Équivalence 3 :

Il n'existe pas de divergence en **ET** dans un automate à états finis, pourtant cette situation est très présente en industrie.

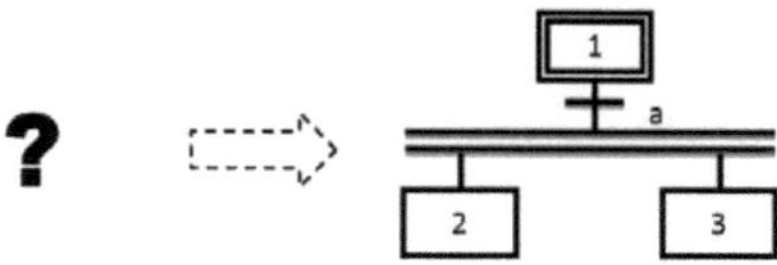

IV.2 : Compositions des Grafcets

À présent, nous allons voir comment l'on peut composer les Grafcet afin d'avoir un comportement commun. Nous montrons d'abord comment c'est fait avec les automates afin de bien voir notre apport. Les chiffres apparaissant dans les rectangles désignent les étapes actives à cet état.

Proposition 1 : Composition de deux évènements (réceptivités) distincts

- *Avec les automates*

La composition (ou produit synchrone) parallèle est notée ||.

Dans la composition parallèle, on ne synchronise que les évènements présents dans les deux automates communs aux deux alphabets, l'état initial est la composition de deux états initiaux. (Matilde *et al.*, 2013).

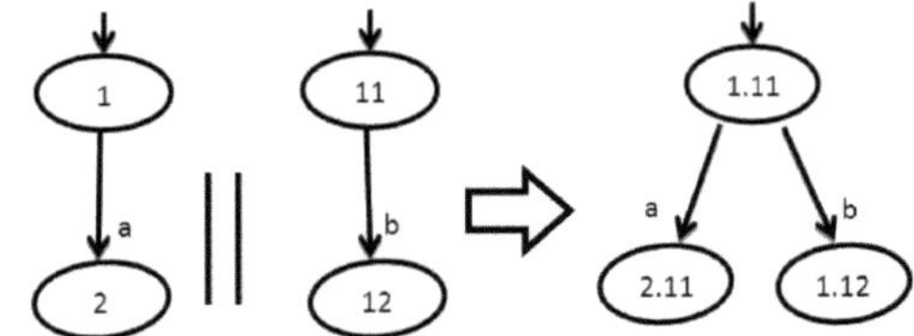

- *Avec le Grafcet*

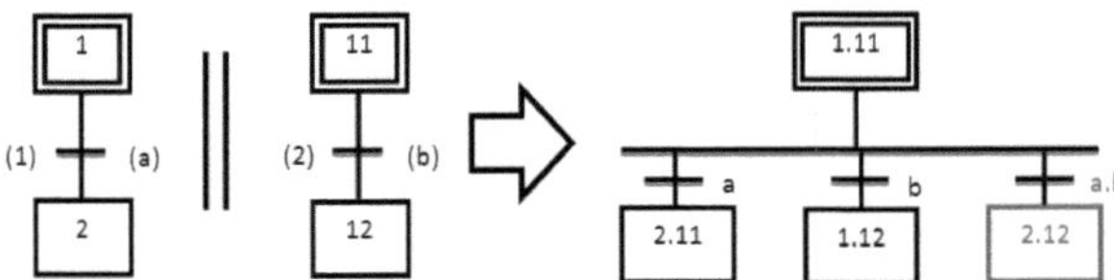

On constate alors qu'il y a apparition d'un troisième état [2.12] : conséquence de la prise en compte de la possibilité de simultanéité d'apparition de deux évènements.

Proposition 2 : Composition de deux évènements présents de part et d'autre

Le produit est une intersection (Matilde *et al.*, 2013).

- *Avec les automates*

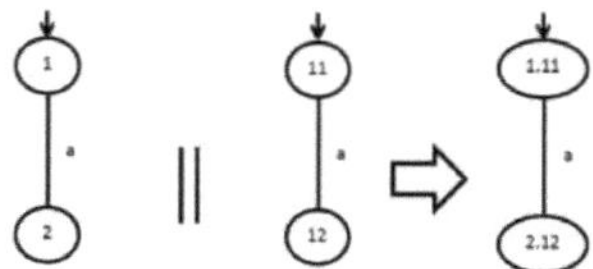

- *Avec le Grafcet*

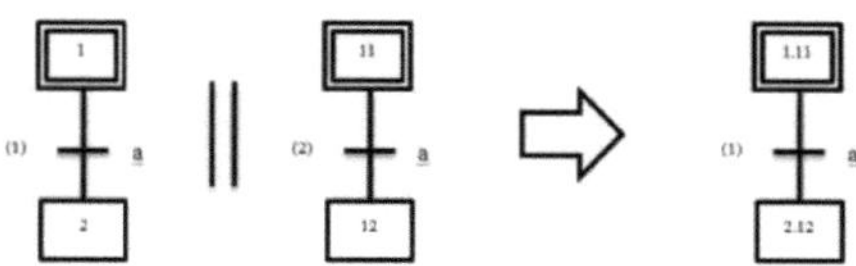

Le résultat est pareil à celui des automates finis.

Proposition 3 : Extension de la composition des évènements distincts

- *Avec les automates*

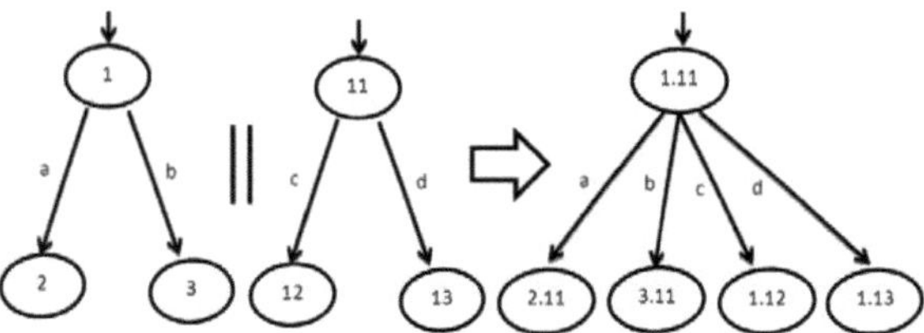

- *Avec le Grafcet*

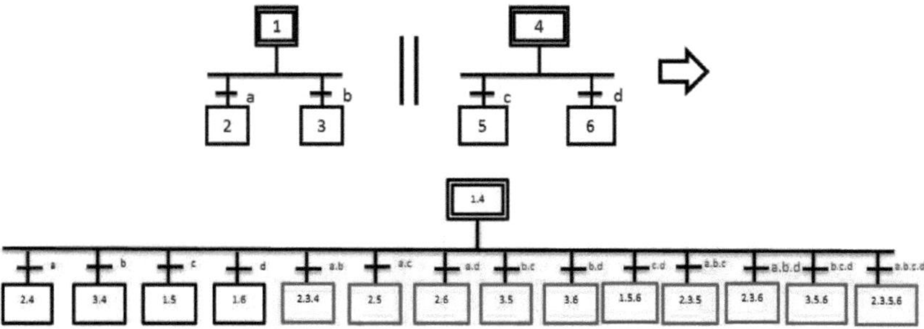

On remarque qu'il y a dix états en plus, à cause de la simultanéité des évènements.

Proposition 4 : Composition des divergences en ET

Étant donné qu'il n'existe pas de divergence en **ET** dans un automate, nous ne saurions faire une comparaison. Tout de même, en s'inspirant de la logique du comportement Grafcet, nous avons établi ce formalisme :

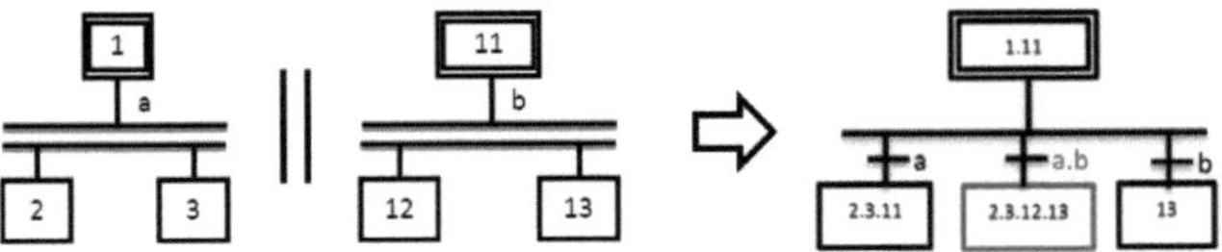

L'état en rouge est celui qui n'existerait pas pour le cas des automates finis.

Proposition 5 : Composition des divergences en ET et en OU.

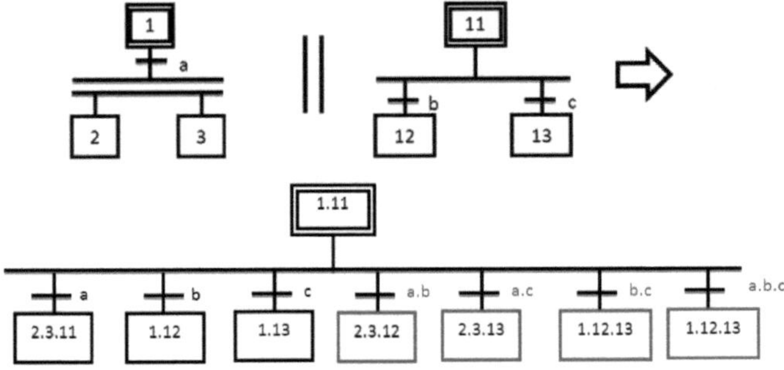

Proposition 6 : Règles d'évolution de la construction

Lors de la construction de l'automate de comportement commun, lorsque l'on trouve un état qui existe déjà dans le réseau, l'arc est orienté vers ce dernier afin de ne pas avoir deux situations identiques dans un même réseau. Nous adopterons ce principe dans la construction du Grafcet du comportement commun.

- **Pour les automates finis**

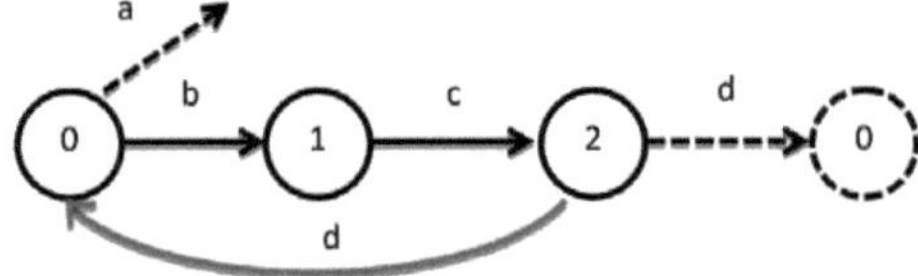

- **Pour le Grafcet**

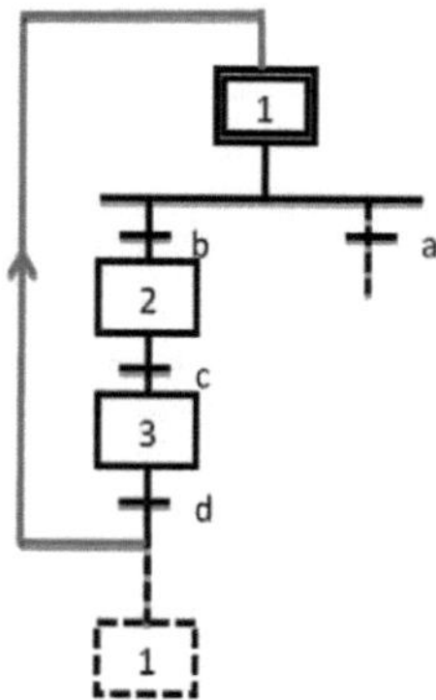

IV. 3 : Application de la méthode

Considérons le matériel SM1 et appliquons notre formalisme pour la synthèse du superviseur à base du Grafcet. L'algorithme de Kumar, qui est utilisé pour la synthèse du superviseur à base des automates finis, est adapté à base du Grafcet.

IV.3.1 : Calcul du superviseur à base du Grafcet

- *Commande*

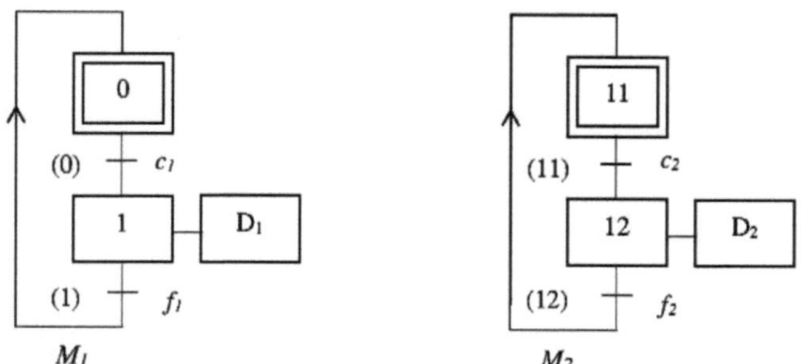

Figure 4.2: Grafcets de commande

- *Spécification*

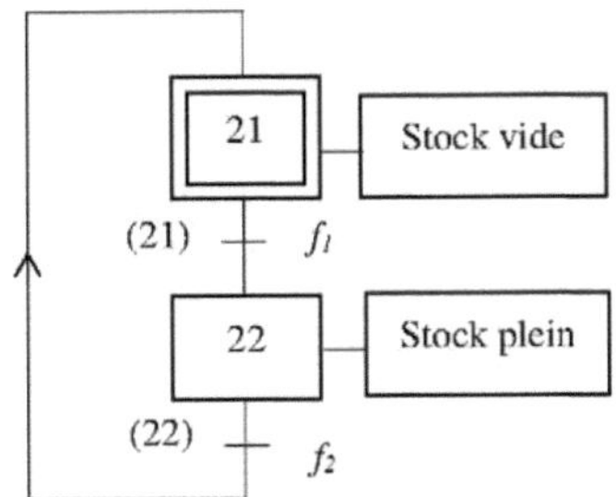

Figure 4.3 : Grafcet de spécification

- ***Grafcet de comportement commun***

Après l'application de notre formalisme de composition de Grafcets, l'on obtient le Grafcet de comportement commun de la figure 4.4.

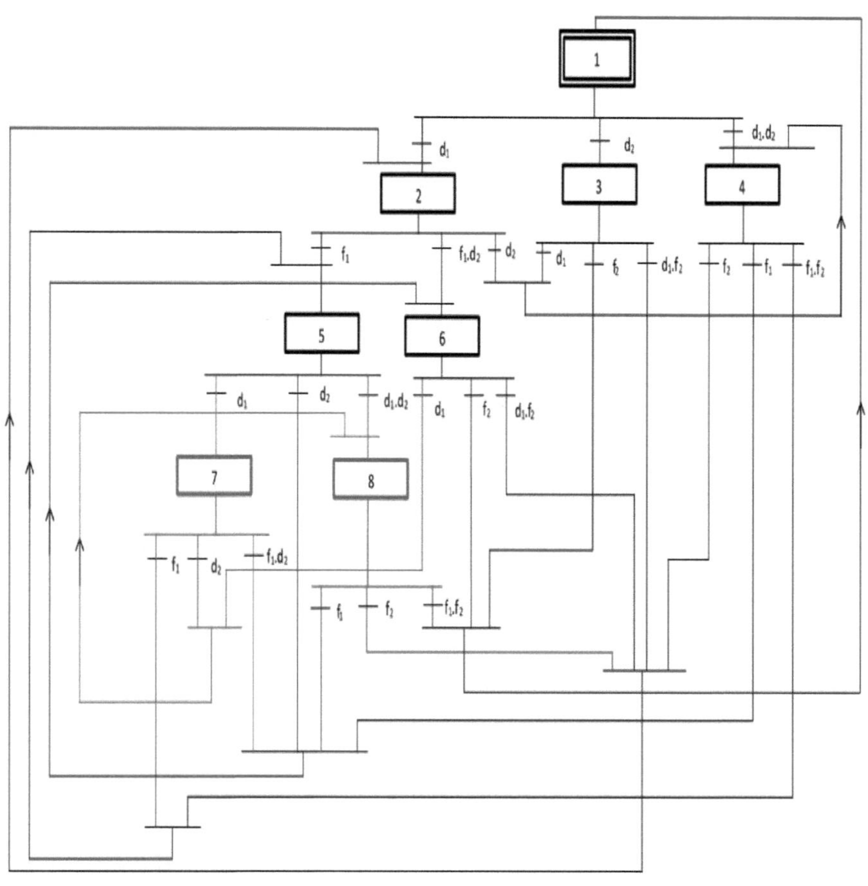

Figure 4.4 : Grafcet de comportement commun

Tableau1 : États du Grafcet de comportement commun

États du comportement commun	États actifs des Grafcets de base
1	0.11.21
2	1.11.21
3	0.12.21

4	1.12.21
5	0.11.22
6	0.12.22
7	1.11.22
8	1.12.22

Les situations [1.11.22] et [1.12.22] sont interdites, car la machine 1 ne peut être en marche lorsque le stock est encore plein.

Les arcs rouges sont ceux qui découlent des états interdits, tandis que ceux qui sont orange désignent les arcs qui vont vers les états interdits. D'après l'algorithme de Kumar, les arcs rouges et bleus doivent être supprimés.

Dans notre cas, il n'y a pas d'état faiblement interdit, car il n'existe pas de séquence d'évènement incontrôlable qui mène vers un état interdit.

- **Grafcet superviseur**

Après suppression des arcs rouges et orange, nous obtenons le Grafcet superviseur de la figure 4.5.

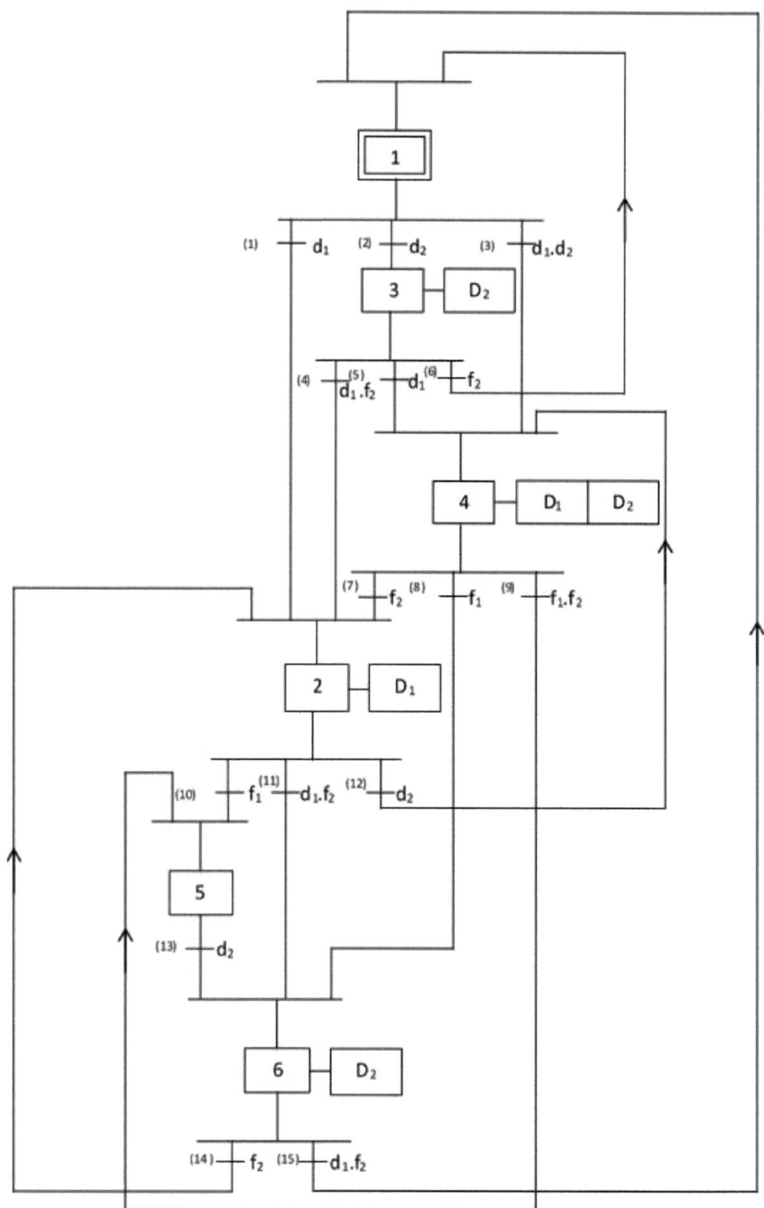

Figure 4.5 : Grafcet superviseur

On a **6 étapes** et **15 transitions** et le superviseur est optimal d'après Kumar.

IV.3.2 : Vérification des cinq règles du Grafcet

L'aspect dynamique d'un Grafcet est défini par cinq règles :

- ***Situation initiale :*** la situation initiale correspond aux étapes actives au début du fonctionnement. C'est donc le comportement au repos. Dans notre cas (étape 1 : 0.11.21), les machines M_1 et M_2 sont à l'arrêt et le stock est vide.
- ***Franchissement d'une transition :*** une transition est dite validée lorsque toutes les étapes amont de cette transition sont actives. Le franchissement d'une transition est effectif lorsque la transition est validée et lorsque la réceptivité associée est vraie.

  Si nous considérons la situation initiale, les transitions (1), (2) et (3) sont validées, car l'étape amont est active.
- ***Activation des étapes :*** le franchissement d'une transition entraîne immédiatement l'activation des étapes aval de cette transition et la désactivation de ses étapes amont. Considérons que la transition (1) est franchie, l'étape 2 s'activera entrainant la désactivation de l'étape (1).
- ***Évolutions simultanées :*** plusieurs transitions simultanément franchissables sont effectivement franchies simultanément. Les transitions (1), (2) et (3) sont des exemples lorsque l'étape 1 est active et les réceptivités *a* et *b* sont vraies simultanément.
- ***Activation et désactivation simultanée d'une étape :*** si, au cours du fonctionnement, une étape est simultanément activée et désactivée, alors elle reste active. Notre exemple ne comporte pas ce cas.

IV.3.3 : Simulation de la dynamique du Grafcet sous contrôle avec le logiciel GRAFCET2D

Lors de la simulation par le logiciel GRAFCET2D, nous avons remarqué une situation qui ne nous arrangeait pas : le cas où l'étape 1 est active et les réceptivités *a* et *b* vraies au même moment.

Les étapes 1, 2 et 3 s'activent en même temps comme l'illustre la figure 4.6.

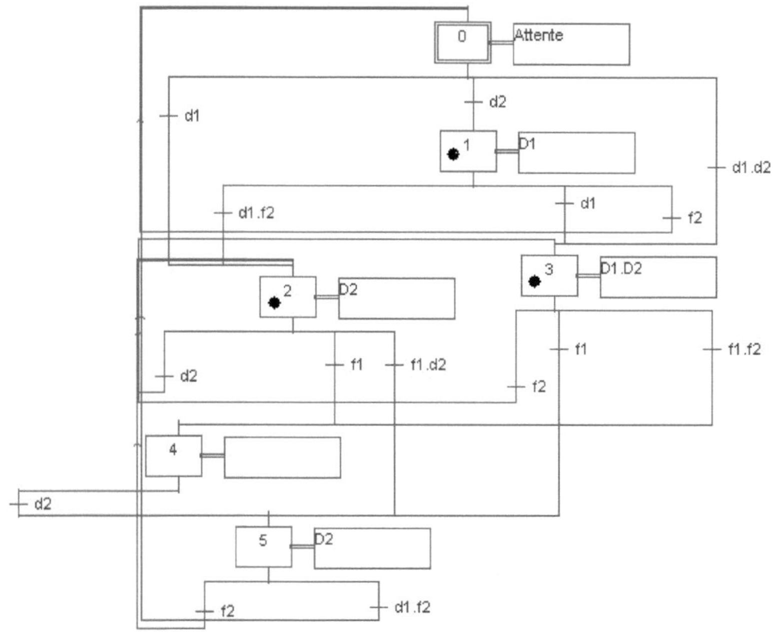

Figure 4.6 : Simulation dans GRAFCET2D

Cette situation est normale d'après la 4ᵉ règle d'évolution du Grafcet, ce qui valide même notre logiciel. En réalité, cette situation est indésirable dans notre contexte. Au départ, nous avons choisi de faire une synthèse de superviseur par rapprochement avec celle des automates finis. Nous avons vu que dans l'automate superviseur, un seul état est actif à la fois. Pour répondre à cette exigence, nous allons contraindre notre Grafcet à évoluer suivant ce principe. Ainsi, l'évolution du Grafcet vers la branche de la transition (réceptivité *a*) ne sera possible que si la réceptivité *b* n'est pas validée. Ce principe sera donc appliqué à toutes les autres transitions se trouvant dans cette situation.

On a alors le Grafcet corrigé de la figure 4.7.

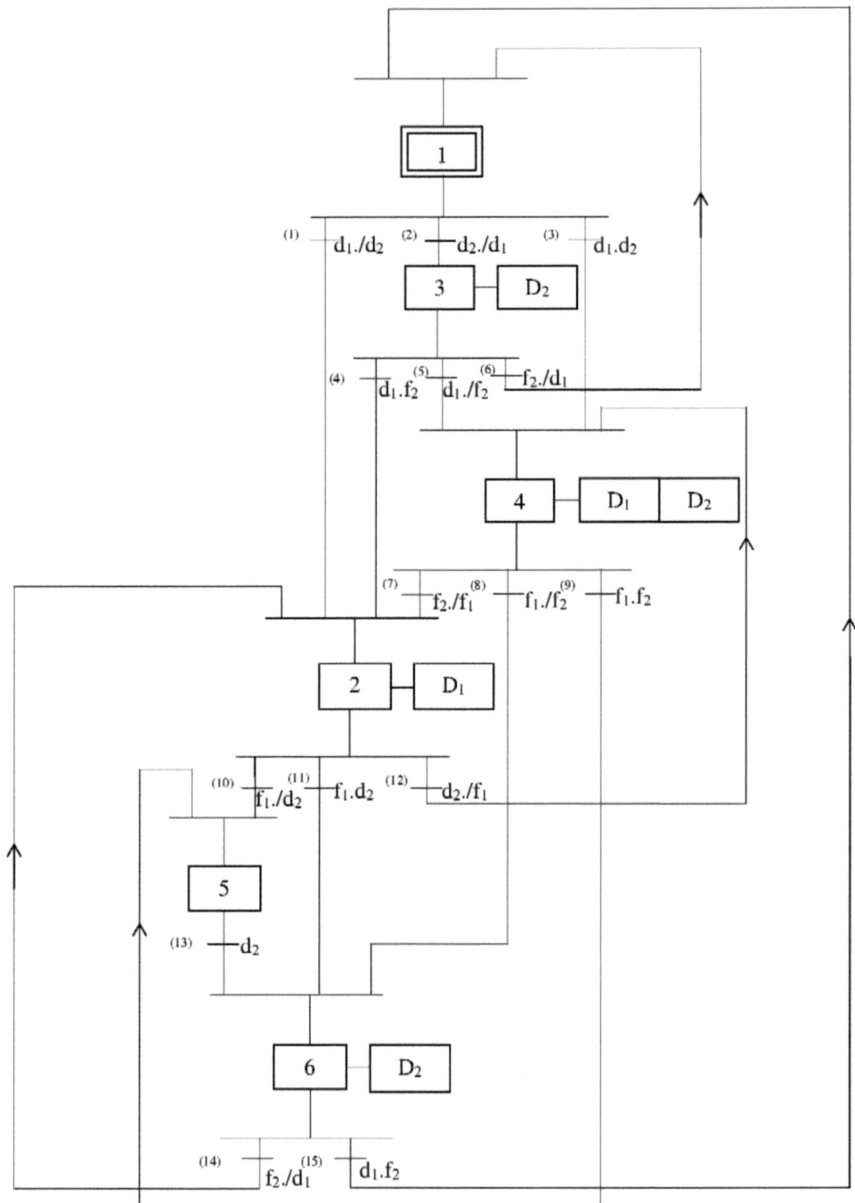

Figure 4.7 : Grafcet superviseur corrigé

Après simulation, l'on a obtenu un résultat satisfaisant.

Conclusion

Nous avons établi des règles pour la composition des Grafcet afin d'appliquer les algorithmes classiques tel que l'algorithme de Kumar qui est un algorithme fiable donnant un superviseur contrôlable. Nous avons donc relevé quelques similitudes et beaucoup de différences entre l'évolution d'un automate et un Grafcet. L'automate ne tenant pas compte de la possibilité de simultanéité d'apparition de plusieurs évènements ; cas possible lors de l'exécution réel d'un processus industriel, il était important pour nous de considérer ces cas pour le rapprochement avec la réalité. Notons que les actions associées une étape du Grafcet de comportement commun est l'union des actions associées aux étapes qui composent cette étape. Cette démarche se heurte au problème d'explosion combinatoire, d'où la nécessité de songer à une autre méthode. Nous nous intéressons donc à la supervision à base des RdP qui semble ne pas souffrir de ce malaise. Nous allons donc proposer une autre méthode de synthèse de superviseur par rapprochement avec celle effectuée à base des RdP, c'est l'objet du chapitre suivant.

Chapitre V

Synthèse de la commande supervisée d'un système modélisé par Grafcet par rapprochement avec les Réseaux de Petri

Dans le concept de *commande supervisée*, le Grafcet est utilisé pour faire la synthèse du superviseur (Charbonnier, 1996). Les modèles Grafcets du procédé et des spécifications sont donnés. La synthèse est obtenue en passant par les modèles automates suivi de l'application de l'algorithme de Kumar. On obtient ainsi un modèle automate qui correspond au superviseur optimal. Malheureusement, il n'est pas possible de retrouver la structure de Grafcet du départ. La seule solution consiste à construire un Grafcet dont la taille est celle de l'automate du superviseur optimal. Cette taille est souvent considérable, ce qui limite l'application de cette technique pour les problèmes réels. Kattan (Kattan, 2004) a réduit la taille du Grafcet superviseur, mais l'utilisation des automates lors du processus de synthèse rend sa démarche fastidieuse. Cela nous a conduit à poser le problème suivant : est-il possible de construire un superviseur de taille voisine du celle du modèle de départ sans utiliser les automates ? Le point initial est constitué par le Grafcet modélisant le comportement désiré en boucle fermée. Ce modèle doit être ensuite complété pour pouvoir respecter les spécifications du cahier des charges.

Le respect des spécifications revient souvent à déterminer des états interdits qui doivent devenir inaccessibles par une action du superviseur. Un moyen d'y arriver est d'ajouter des places de contrôle en ce qui concerne l'utilisation des RdP. La théorie des régions consiste à recenser tous les états admissibles en construisant le graphe des marquages et à ajouter des places de contrôle pour interdire l'accès aux états interdits. On obtient ainsi un système d'inéquations en nombres entiers à résoudre. L'inconvénient majeur de cette méthode est qu'il n'y a pas de méthodes efficaces pour résoudre ce système. C'est pour cette raison que nous n'utiliserons que la première phase de cette méthode pour déterminer l'ensemble des états interdits. Une autre approche, basée également sur les RdP, exploite le concept d'invariant de marquage de places. L'ensemble des états admissibles est donné par des relations d'inégalités. L'ajout d'une place de contrôle permet d'interdire tous les marquages qui ne respectent pas l'inégalité. Il s'agit ici d'une méthode structurelle et simple d'utilisation. Cette méthode a été présentée dans le troisième chapitre. La difficulté de cette méthode est de retrouver tous les états interdits. C'est pour cette raison que nous utiliserons la détermination des marquages interdits proposée par la première phase de la théorie des régions pour dépasser cette difficulté.

Dans le travail que nous présentons ici, nous considérons le Grafcet comme outil de modélisation. Pour pouvoir utiliser l'approche basée sur les invariants, il faut d'abord déterminer l'ensemble des états admissibles sous la forme d'inégalités sur les variables représentant les étapes du Grafcet. Ces inégalités seront déterminées à partir du graphe de marquage du comportement admissible représentant le fonctionnement désiré en boucle fermée. Le marquage dans un Grafcet est booléen, une étape est active ou inactive, cette propriété nous facilitera la détermination de ces inégalités. La synthèse du superviseur sera effectuée par la détermination d'étapes de contrôle.

Dans la suite, nous allons utiliser le terme de *contrôleur* à la place de *superviseur* parce que le superviseur défini dans la théorie de supervision constitue une partie séparée du système de commande. Il est implanté en parallèle avec le système. Le système de commande et le superviseur sont alors confondus et le résultat sera appelé *contrôleur*.

La méthode de Commande basée sur les invariants de marquage a été proposée par Yamalidou (Yamalidou *et al.*, 1996). Elle présente une nouvelle approche pour construire un contrôleur en boucle fermée d'un système modélisé par un RdP. Le contrôleur se compose de places et d'arcs calculés à l'aide du concept d'invariants de marquage. Dans cette approche, les spécifications sont données par des contraintes linéaires entre les marquages des places du RdP. L'idée consiste à construire un invariant de marquage pour chaque contrainte, de telle manière que l'ensemble des marquages atteignables soit réduit aux seuls marquages vérifiant la contrainte. Une des difficultés de cette technique est qu'il faut que les places de contrôle aient une transition de sortie qui soit contrôlable. Lorsque ce n'est pas le cas, il faut remonter le chemin jusqu'à ce que l'on rencontre une transition contrôlable.

Notre objectif est de faire la synthèse d'un contrôleur basé sur l'outil de modélisation Grafcet. La figure 5.1 représente les étapes nécessaires pour synthétiser le contrôleur.

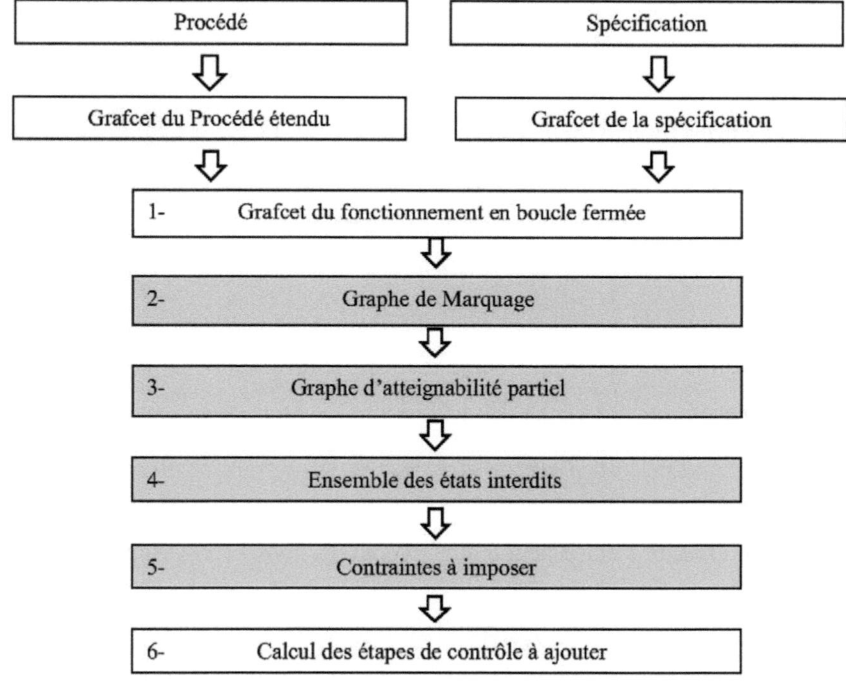

Figure 5.1 : Les étapes nécessaires pour synthétiser le contrôleur

Le point de départ consiste à modéliser le procédé étendu et les spécifications par des Grafcets. Le comportement désiré en boucle fermée est obtenu par la synchronisation des deux Grafcets (étape 1 dans la figure 5.1). La construction du graphe de marquage (étape 2) à partir du Grafcet synchronisé permettra de construire le graphe d'atteignabilité partiel (étape 3). On en déduira alors l'ensemble des états interdits quand ils existent par l'étude de la contrôlabilité de la spécification par rapport au procédé (étape 4). Pour pouvoir appliquer l'approche basée sur les invariants, il faut déterminer l'ensemble des contraintes donnant l'ensemble des marquages autorisés (étape 5). La dernière étape (étape 6) est l'étape de synthèse du contrôleur et le calcul des étapes de contrôle à ajouter au modèle Grafcet du fonctionnement en boucle fermée, qui interdiront l'accès aux états interdits.

V.1 : Du réseau de Petri au Grafcet

Le Grafcet a été initialement défini par une commission d'une société savante aujourd'hui disparue : l'AFCET (Association Française de Cybernétique Économique et Technique). Au sein de cette commission, il y avait des universitaires qui travaillaient sur les réseaux de Petri (RdP) et l'on peut donc considérer que les RdP sont l'un des ancêtres du Grafcet. Au RdP, il fallait associer une façon normalisée de définir comment le système de commande interagissait avec l'environnement au moyen de capteurs et d'actionneurs. Il fallait donc une norme pour l'interprétation. Le Grafcet est alors considéré comme un RdP interprété. Pour retrouver éventuellement le RdP sous-jacent à un Grafcet, il faut d'abord enlever tout ce qui concerne la spécification des réceptivités, celle des actions ainsi que tout ce qui concerne le temps. Il reste donc un graphe comprenant des étapes et des transitions que l'on peut voir comme les places et les transitions d'un RdP sous-jacent, mais il s'agit d'un RdP particulier. En effet, une étape peut être active ou inactive, ce qui correspond au fait qu'une place d'un RdP peut être vide ou contenir un jeton. Mais, dans le cas général, une place d'un RdP peut contenir plus d'un jeton. La classe particulière de RdP correspondant au Grafcet est celle des *RdP saufs* (chaque place ne peut pas recevoir plus d'un jeton). De ce point de vue, on peut considérer que le Grafcet est une norme pour l'interprétation des RdP saufs dans le contexte des automatismes séquentiels (Valette, 2001).

Quelques différences entre le Grafcet et le RdP

Les industriels voulant implanter directement un Grafcet en associant une bascule RS à chaque étape, un certain nombre de différences a été introduit.

- ***Activation d'une étape active***

Le principe des bascules *RS* est d'avoir une entrée pour le signal *Set* et une entrée distincte pour le signal *Reset*. Ces entrées ne prennent en compte les signaux qu'au moment des impulsions de l'horloge. Si l'on envoie une impulsion sur l'entrée *Set* alors que la bascule est déjà à 1, elle reste dans cet état. De la même façon, si une étape d'un Grafcet est activée par le franchissement de l'une de ses transitions amont, elle devient active si elle était inactive et reste active sinon.

Par contre, dans un RdP, si une transition d'entrée d'une place contenant un jeton est franchie, le contenu de la place est augmenté de 1 (ou de k si le poids de l'arc est de k). Une place d'un RdP est un compteur, pas une bascule.

Le fait qu'un RdP soit sauf est une propriété qu'un RdP peut posséder ou non. Si le RdP n'est pas sauf alors que l'on avait décidé de représenter un automatisme séquentiel, cela veut dire que l'on a fait une erreur (Valette, 2001). Il y a nécessairement un certain nombre de contradictions au sein de la représentation. Vérifier que le RdP est sauf est un élément de la validation des spécifications.

Le Grafcet corrige en quelque sorte automatiquement l'incohérence, puisque si l'on active une étape active, elle reste simplement active. Mais cette correction peut très bien ne pas correspondre au fonctionnement désiré. Lorsque l'on souhaite vérifier avec soin la cohérence d'un Grafcet, on vérifie qu'aucune étape active n'est activée (ce comportement est jugé dangereux), ce qui permet de retrouver la démarche effectuée dans le cas des RdP.

- ***Synchrone et asynchrone***

Un modèle d'un système (Système à évènements discrets) est dit synchrone lorsqu'il comporte une horloge de base et que les évènements ne peuvent se produire (ou bien qu'ils ne peuvent être pris en compte) qu'aux instants définis par les impulsions. Ils sont alors vus comme simultanés. Les bascules *RS* sont synchrones, ce qui veut dire que le Grafcet est un modèle synchrone. Un modèle d'un système est asynchrone lorsqu'il ne fait aucune référence à une horloge de base. Le RdP est un modèle asynchrone.

- ***Notion de conflit***

Les différences de comportement du Grafcet et des RdP en cas de conflit découlent directement de la nature synchrone de l'un et asynchrone de l'autre.

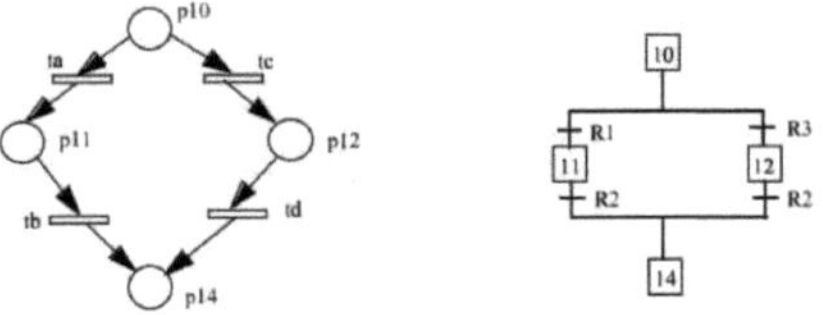

Figure 5.2 : Exemple de conflit

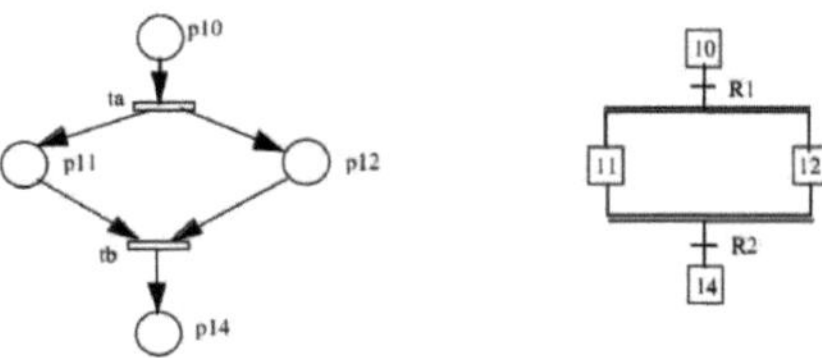

Figure 5.3 : Exemple de parallélisme

Dans un RdP, il y a conflit lorsqu'un marquage sensibilise plus d'une transition, mais que le contenu en jetons des places est insuffisant pour que toutes ces transitions soient effectivement franchies. C'est le cas des transitions t_a et t_c dans la figure 5.2 si la place *p10* contient un unique jetons. Comme le RdP est un modèle asynchrone, les évènements associés aux franchissements de t_a et t_c ne peuvent se produire au même instant. Une transition sera d'abord franchie et l'autre deviendra alors non franchissable. En conséquence, seuls deux marquages peuvent suivre un marquage M tel que :

$M(p10) = 1$ et $M(p11) = 0$ et $M(p12) = 0$

Ce sont :

- Soit M_1 avec $M_1(p10) = 0$ et $M_1(p11) = 1$ et $M_1(p12) = 0$,
- Soit M_2 avec $M_2(p10) = 0$ et $M_2(p11) = 0$ et $M_2(p12) = 1$.

Il est impossible d'atteindre un marquage M_3 avec $M_3(p11) = 1$ et $M_3(p12) = 1$. Au contraire dans un Grafcet, comme toutes les transitions validées sont franchies simultanément, si, dans la figure 5.2 l'étape 10 est active et si les deux réceptivités R_1

et R_3 sont toutes les deux vraies au temps (discret) considéré, alors la situation suivante sera telle que les deux étapes 11 et 12 sont toutes les deux actives (10 devenant inactive). Bien entendu, le Grafcet a le même comportement que le RdP si seule l'une des deux réceptivités R_1 ou R_3 est vraie.

Si l'on souhaite, dans le cadre d'un RdP, avoir les deux places *p11* et *p12* simultanément marquées et passer M à M_3 ($M_3(p11) = 14$ et $M_3(p12) = 1$), alors il faut choisir le RdP de la figure 5.3, mais les marquages M_1 et M_2 ne seront plus des marquages accessibles à partir de M. Le Grafcet de cette figure possède le même comportement.

Si chaque fois que deux transitions partagent la même étape d'entrée, on vérifie (pour des raisons de sécurité) qu'il est absolument impossible que les réceptivités associées (R_1 et R_3 sur la figure 5.2) soient simultanément vraies, alors les comportements des RdP et des Grafcets seront les mêmes dans tous les cas.

V.2 : Définition des états interdits dans le cadre d'une approche de synthèse de commande par RdP

Dans cette partie, nous allons justifier la détermination complète des états interdits par la construction du graphe de comportement admissible. Kattan a utilisé les automates pour déterminer les états interdits. En fait, il fait un double travail inutile par la « *remodélisation* » du système à base des automates, puis composition de ces derniers avant de faire la synthèse proprement dite. Nous avons jugé cette manière de faire fastidieuse et limitée, car il y a utilisation des automates. Dans cette partie, nous montrons comment l'on peut s'affranchir des automates et utiliser un outil directement applicable sur un Grafcet.

Nous avons vu dans la section précédente que le fait qu'un RdP soit sauf est une propriété qu'un RdP peut posséder ou non. Si le RdP n'est pas sauf alors que l'on avait décidé de représenter un automatisme séquentiel, cela veut dire que l'on a fait une erreur (Valette, 2001) et qu'il y avait nécessairement un certain nombre de contradictions au sein de la représentation. Vérifier que le RdP est sauf est un élément de la validation des spécifications. Le Grafcet corrige en quelque sorte automatiquement l'incohérence puisque si l'on active une étape active, elle reste simplement active. Mais cette correction peut très bien ne pas correspondre au fonctionnement désiré. Lorsque l'on souhaite vérifier avec soin la cohérence d'un Grafcet, on vérifie qu'aucune étape active n'est activée (ce comportement est jugé dangereux), ce qui permet de retrouver la démarche effectuée dans le cas des RdP. Considérons le système manufacturier SM 1 pour illustrer la notion d'état interdit.

Modélisation du fonctionnement des machines et des spécifications :

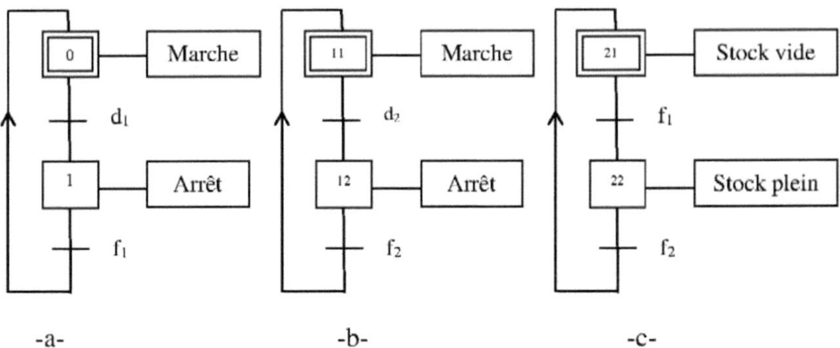

Figure 5.4: Modèle Grafcet (a) Machine 1. (b) machine 2. (c) Spécification

Graphe de marquage :

Le graphe de marque du comportement commun des trois modèles est donné par la figure 5.5.

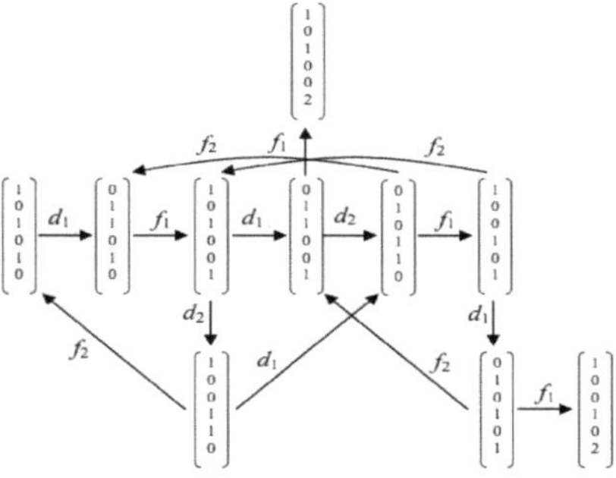

Figure 5.5: Graphe de marquage

L'ensemble des marquages interdits est : { M_8 , M_9} ; M_9 = (1,0,1,0,0,2) , M_8 =(1,0,0,1,0,2).

L'ensemble des marquages dangereux est : { M_3, M_6}.

L'ensemble des marquages admissibles est : {M_1, M_2 , M_4, M_5, M_7}.

Pour ne pas atteindre le marquage M_3, il faut interdire la transition d_1 à partir du marquage M_2, et pour ne pas atteindre le marquage M_6, il faut interdire la transition d_1 à partir du marquage M_5.

Un état interdit est alors soit un marquage interdit, soit une combinaison interdite de situations.

On déduit donc qu'au lieu de perdre du temps en faisant les compositions des automates, il serait judicieux de faire directement le graphe de marquage et trouver le graphe de comportement admissible, afin de déterminer l'ensemble des contraintes linéaires. On pourra ensuite aisément jouir de la méthode des invariants de marquage pour le calcul des étapes de contrôle, car la difficulté avec cette méthode est l'établissement de l'ensemble des contraintes.

V.3 : Calcul du superviseur d'un système modélisé par Grafcet via la méthode des invariants de marquages

L'affranchissement de l'utilisation des automates étant démontré, appliquons donc notre démarche. Pour des besoins de comparaison, nous utiliserons le même matériel que celui de Kattan, à savoir le système manufacturier SM 2. Notre démarche sera divisée en deux phases. La première phase consiste à déterminer les états interdits, la deuxième phase exploite la simplicité de calcul du contrôleur de la méthode des invariants de marquage.

V.3.1 : Détermination des états interdits et des contraintes linéaires associées

a) Modèles du procédé et des spécifications

Nous modélisons le système et la spécification comme Kattan.

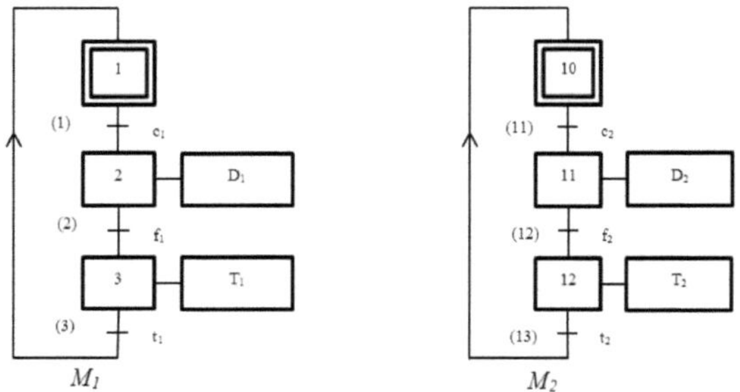

Figure 5.6 : Grafcets du procédé (G_p)

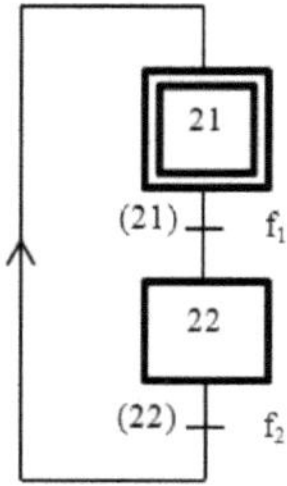

Figure 5.7 : Grafcet de Spécification (G_s)

b) Grafcet du fonctionnement en boucle fermée

- *Synchronisation de deux Grafcets*

Le fonctionnement en boucle fermée correspond au comportement du procédé sous l'influence du superviseur. Il est obtenu par la synchronisation des Grafcets G_p et G_s. Il s'agit d'une opération structurelle plus efficace que celle du produit de deux automates puisqu'elle est indépendante du marquage initial. Elle consiste à fusionner structurellement les transitions identiques. C'est l'un des avantages de l'utilisation du Grafcet. Ce résultat est bien connu dans le domaine des RdP (Alla, 1992).

Définition 5.1

Soient G_1 et G_2 deux Grafcets ayant un ensemble $\{<T_1^1, T_2^1>, \ldots, <T_1^r, T_2^r>\}$ de couples de transitions portant le même événement, c'est-à-dire, à chaque couple de transitions $<T_1^i, T_2^i>$ où $T_1^i \in G_1$ et $T_2^i \in G_2$, est associé le même événement e^i, $i \in [1, r]$.

La synchronisation de G_1 et G_2 consiste à construire un Grafcet G obtenu en remplaçant le couple $<T_1^i, T_2^i>$ par une seule transition T^i. L'événement e^i étant associé à cette transition.

Cette opération de synchronisation est illustrée dans la figure suivante :

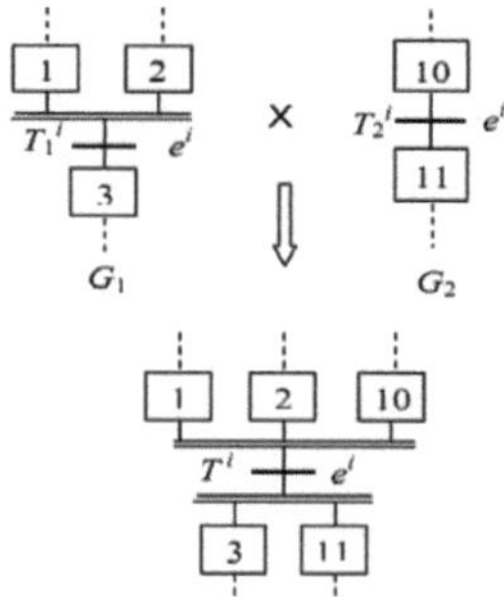

Figure 5.8 : Synchronisation de deux Grafcets

- *Grafcet du fonctionnement en boucle fermée*

Le modèle Grafcet du fonctionnement en boucle fermée est obtenu par la synchronisation de Grafcet du procédé étendu G_P avec celui de la spécification G_S, on l'appellera *quasi-Grafcet.*

Définition 5.2

On appelle modèle quasi-Grafcet du fonctionnement en boucle fermée le modèle Grafcet qui représente le fonctionnement désiré obtenu par la synchronisation de G_P et G_S. Ce modèle sera noté G_d.

Remarque 5.1 :

Nous avons appelé le modèle G_d quasi-Grafcet parce qu'avant d'étudier la contrôlabilité, nous ne savons pas à l'avance si ce modèle est le Grafcet du contrôleur ou non. Pour étudier le problème de la contrôlabilité, nous allons être amenés à faire évoluer le Grafcet du fonctionnement désiré en boucle fermée selon des règles qui ne lui sont pas propres telles que préconisées par Kattan. Il est bien entendu que le contrôleur qui sera implanté respectera totalement les règles du Grafcet.

Pour l'exemple du système manufacturier (SM 2), le Grafcet du fonctionnement en boucle fermée G_d est obtenu par la synchronisation du Grafcet du procédé étendu G_p avec celui de la spécification G_s. Les seuls événements communs sont t_1 et t_2.

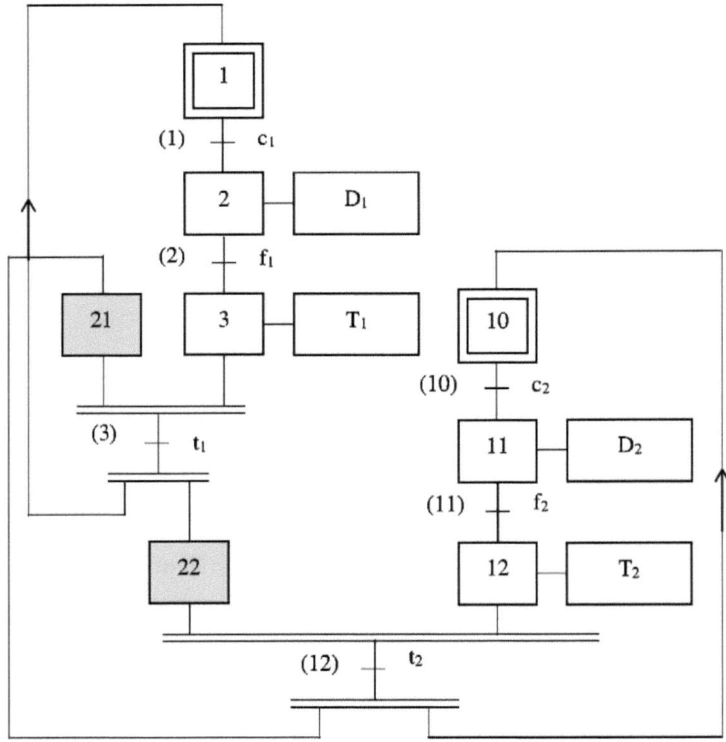

Figure 5.9 : Grafcet du fonctionnement en boucle fermée Gd

À cause des transitions incontrôlables, le modèle quasi-Grafcet précédent ne respecte pas totalement les règles du Grafcet, où il existe des transitions franchissables même si toutes ses étapes d'entrée ne sont pas actives. En effet, si une transition incontrôlable est validée dans le modèle du procédé, alors elle sera franchie à l'occurrence de l'événement incontrôlable. Ce franchissement aura lieu quelle que soit la situation atteinte dans le Grafcet des spécifications. Cela nous amène à emprunter à Kattan les définitions suivantes concernant ce modèle.

Définition 5.3

Une transition incontrôlable est validée dans le modèle quasi-Grafcet si toutes ses étapes d'entrée qui appartiennent au Grafcet du Procédé G_P sont actives.

Dans la définition ci-dessus, l'ensemble des étapes est divisé en deux parties : les étapes appartenant au Grafcet du procédé G_P et les étapes appartenant au Grafcet des spécifications G_s. Ces deux ensembles d'étapes n'ont pas un comportement symétrique comme cela est stipulé dans la définition 5.3. Le franchissement d'une transition incontrôlable permet de déterminer les situations interdites.

Définition 5.4

Si une situation est telle qu'une transition T_j incontrôlable est validée pour le modèle quasi-grafcet mais pas pour le modèle grafcet, alors cette situation est interdite.

c) Détermination de l'ensemble des états interdits

La détermination des états interdits se fait à partir du graphe d'atteignabilité partiel tel que présenté précédemment.

Nous allons construire deux graphes de marquage : le premier décrit le fonctionnement désiré normal du modèle quasi-Grafcet, c'est-à-dire qui respecte les règles normales d'évolution du Grafcet, et le deuxième décrit le fonctionnement possible en présence d'une transition incontrôlable selon la définition 5.4. Nous allons donner dans la suite les définitions de chaque graphe et nous discutons comment trouver l'ensemble des états interdits à partir de ces graphes de marquage.

d) Graphe de marquage du fonctionnement en boucle fermée

Le graphe de marquage est un outil d'identification du comportement du Grafcet. L'intérêt d'élaborer ce graphe est d'étudier la contrôlabilité du langage de la spécification par rapport au langage généré par le Grafcet G_d.

Définition 5.5

Le graphe de marquage qui décrit de manière exhaustive l'ensemble des évolutions possibles du Grafcet G_d sera noté S_d. Le graphe des situations S_d correspondant est semblable à une machine d'état classique $S_d = \{S, \sum, \delta, s_0\}$.

S est l'ensemble des marquages,

$\sum = \sum_c \cup \sum_u$ est l'alphabet des événements,

δ est la fonction de transition d'états et s_0 est le marquage initial.

Une situation correspond à une combinaison d'étapes actives, il existe alors au maximum, pour un Grafcet qui possède N étapes 2^N situations possibles.

La figure 5.10 donne le graphe des situations S_d du Grafcet G_d.

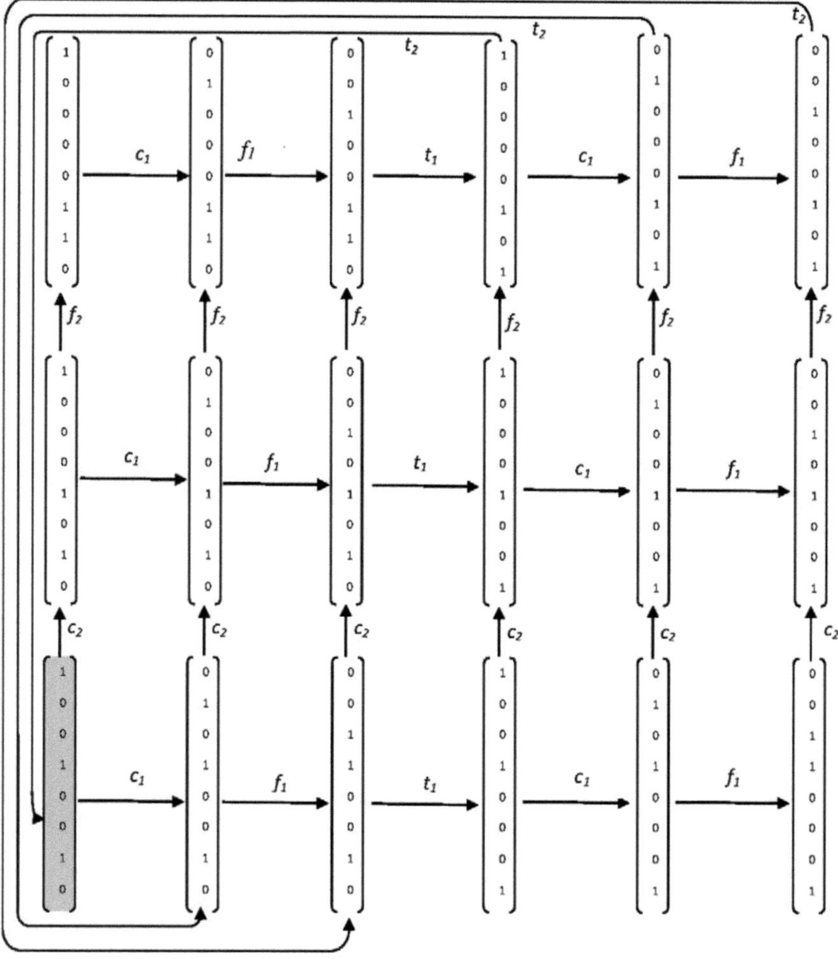

Figure 5.10 : Graphe de marquage du fonctionnement désiré en boucle fermée S_d

Le marquage initial est celui rempli en vert. Si le langage généré par ce graphe est contrôlable, alors le problème est résolu et le Grafcet G_d constitue le contrôleur. Dans le cas contraire, il faut déterminer l'ensemble de tous les états interdits.

L'ensemble des transitions dans S_d est subdivisé en deux sous-ensembles disjoints ; T_c, l'ensemble des transitions contrôlables et T_u celui des transitions non contrôlables, tels que $T = T_c \cup T_u$. Par conséquent, pour empêcher le système d'atteindre les états interdits, il faut interdire tous les états à partir desquels le système peut évoluer par des transitions non contrôlables vers des états interdits.

Dans le Grafcet de fonctionnement en boucle fermée de notre exemple, nous avons : $T_c = \{c_1, c_2\}$, $T_u = \{f_1, t_1, f_2, t_2\}$. Nous allons construire maintenant le graphe qui décrit le fonctionnement possible de modèle quasi-Grafcet où le franchissement des transitions incontrôlables se fait selon la définition 5.4. Ce graphe sera noté S_d'.

La figure 5.11 donne le graphe des situations S_d' du Grafcet G_d.

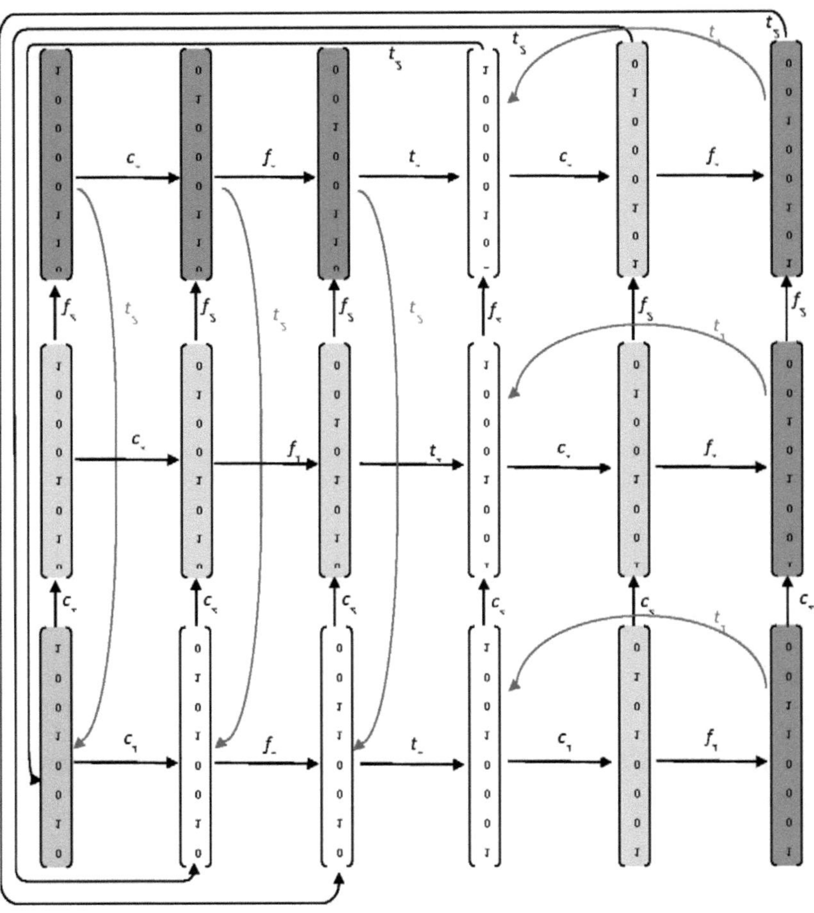

Figure 5.11 : Graphe de marquage des situations du fonctionnement possible S_d'

e) Graphe d'atteignabilité partiel

À base de la figure 5.11 nous établissons le graphe d'atteignabilité à la figure 5.12.

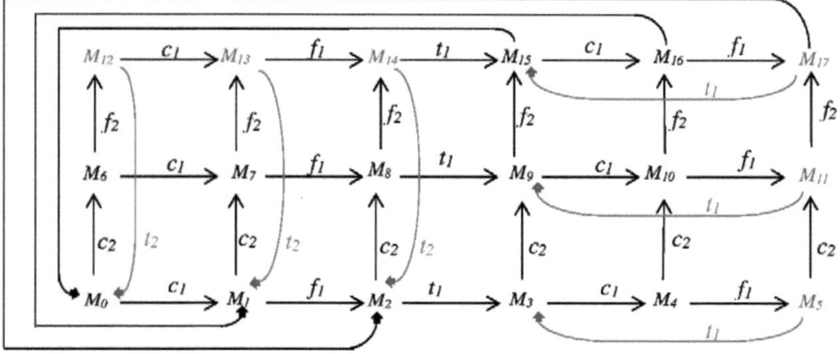

Figure 5.12: Graphe d'atteignabilité partiel

Propriété 5.1 :

a) Le langage généré par le grafcet correspondant au fonctionnement désiré en boucle fermée est contrôlable si les deux graphes des situations S_d et S_d' sont identiques.

b) Si le graphe S_d est strictement inclus dans S_d', alors l'ensemble des états et des transitions qui sont dans S_d' mais pas dans S_d correspond à des états interdits et à des transitions interdites.

Nous remarquons que le graphe des situations S_d' (figure 5.11) contient plus de transitions que celui S_d (figure 5.10). Les transitions supplémentaires représentent les transitions incontrôlables qui sont validées dans le procédé et ne le sont pas par les spécifications. Tout état dans la figure 5.11 qui a une transition de sortie qui n'existe pas dans la figure 5.10 correspond à un état interdit (définition 5.4).

Par exemple, l'état (M_{12} = 1 0 0 0 0 1 1 0) a une transition de sortie t_2 qui n'existe pas à partir de cet état dans la figure 5.10, donc il est interdit. Par la même technique, nous déterminons l'ensemble des états interdits.

Définition 5.5

Soit S l'ensemble des états dans le graphe des situations S_d'. Une spécification de commande de type état interdit est une fonction linéaire $Y : S \rightarrow \{0,1\}$. L'ensemble des états interdits E est celui pour lequel Y est violée. Il est donné par :

$$E = \{e \in S \mid Y(S) = 0\} \subseteq S.$$

Par la technique présentée ci-dessus, on trouve l'ensemble des marquages interdits suivant : $\mathrm{E} = \{M_{12}, M_{13}, M_{14}, M_5, M_{11}, M_{17}\}$.

Définition 5.6

On appelle un marquage faiblement interdit dans le graphe S_d tout état à partir duquel un état interdit peut être atteint par l'occurrence d'une séquence de transitions incontrôlables. L'ensemble de ces états sera noté H. Formellement, l'ensemble des états faiblement interdits est représenté par :

$H = \{ h \in S / \exists\ e \in E \wedge \sigma \in \Sigma_u^* ,\ \delta(h, \sigma) = e\}$.

La figure 5.13 représente la notion de l'état faiblement interdit

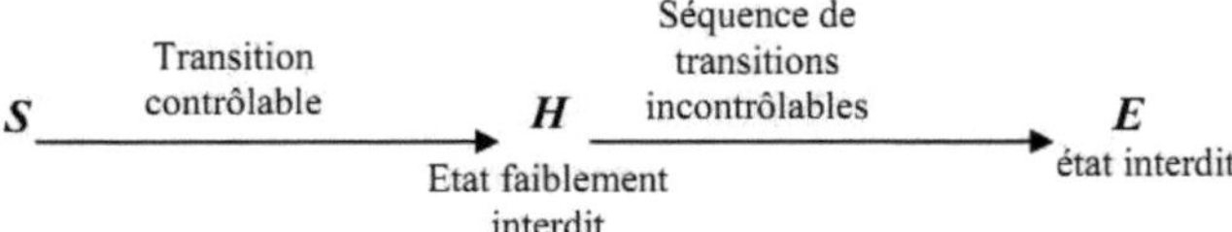

Figure 5.13 : État faiblement interdit

Par exemple, dans le graphe de la figure 5.13, le marquage M_4 est un état faiblement interdit parce qu'à partir de ce marquage, on peut atteindre le marquage interdit M_5 par l'occurrence de l'événement incontrôlable f_1. Ainsi, on peut déterminer l'ensemble H suivant:

$$H = \{M_4, M_6, M_7, M_8, M_{10}, M_{16}\}.$$

Définition 5.7

L'ensemble des états formé de l'ensemble des états interdits et des états faiblement interdits est appelé l'ensemble des états dangereux et cet ensemble sera noté D :

$$D = E \cup H.$$

Ainsi, l'ensemble des états dangereux (les états interdits et les états faiblement interdits) est :

$$D = M_4, M_5, M_6, M_7, M_8, M_{10}, M_{11}, M_{12}, M_{13}, M_{14}, M_{16}, M_{17}.$$

Définition 5.8

Soit F, l'ensemble des états dangereux tels que :

$$F = \{f \in D / \forall\, s \in S \backslash D \text{ et } \delta(s, \sigma) = f, \sigma \in \textstyle\sum_c \}.$$

F correspond à l'ensemble des états interdits tel que les événements associés aux arcs arrivant dans ces états soient tous contrôlables. C'est l'ensemble des états frontières.

Dans le cas de l'exemple, nous obtenons l'ensemble :

$$F = \{M_4, M_6, M_7, M_8, M_{10}, M_{16}\}.$$

Notre objectif est de construire un contrôleur tel que les états de l'ensemble F ne soient jamais atteignables.

Définition 5.9

On appelle un état autorisé tout état qui appartient à S_d et n'appartient pas à D. Cet ensemble sera noté $S_a = S_d - D$.

Définition 5.10

Soit T_{cF} l'ensemble des transitions tel que :

$T_{cF} = \{T_i \in T_c \mid \exists\, (s, f) \in S_a \text{ x } F \text{ et } \delta\ (s, T_i) = f\}$. C'est l'ensemble des transitions frontières.

Nous pouvons maintenant définir le contrôleur optimal.

Définition 5.11

Un contrôleur est maximal permissif si tout état admissible de S_a est atteignable sous contrôle et toutes les transitions d'états de T_{cF} sont interdites. Un tel contrôleur est dit optimal (Kattan, 2004).

Pour utiliser l'approche basée sur les invariants de marquages, il est nécessaire de construire un ensemble de contraintes linéaires qui sera déterminé à partir de l'ensemble F.

V.3.2 : Calcul des étapes de contrôles à ajouter

Après la phase de détection de l'ensemble des états interdits, vient alors la dernière phase qui est celle de la recherche des étapes de contrôle.

a) Des états interdits aux contraintes linéaires

Kattan a montré comment construire de manière systématique un ensemble de contraintes linéaires équivalant à l'ensemble des états interdits.

Un marquage du Grafcet correspond à un ensemble d'étapes actives et inactives. Le mot ''*active*'' signifie que la valeur booléenne correspondante est égale à 1. Soit f_i, un marquage interdit de l'ensemble F et soit $\{X_{i1}, X_{i2}, \ldots, X_{ir}\}$, l'ensemble des étapes actives et inactives qui lui correspondent. On notera :

$f_i = \{X_{i1}, X_{i2}, \ldots, X_{ir}\}$.

Chaque contrainte imposée sera représentée dans le Grafcet de contrôleur par une étape. Donc, la dimension (nombre des étapes) du Grafcet du contrôleur est égale au nombre des contraintes imposées.

Reprenons le système manufacturier et considérons l'ensemble des états interdits. On détermine les six contraintes linéaires suivantes :

$$X_1 + X_{11} + X_{21} \leq 2 \quad (a)$$
$$X_2 + X_{11} + X_{21} \leq 2 \quad (b)$$
$$X_3 + X_{11} + X_{21} \leq 2 \quad (c)$$
$$X_2 + X_{10} + X_{22} \leq 2 \quad (d)$$
$$X_2 + X_{11} + X_{22} \leq 2 \quad (e)$$
$$X_2 + X_{12} + X_{22} \leq 2 \quad (f)$$

Dans cet exemple, $F = H$. Chaque contrainte va être associée à une étape de contrôle, c'est-à-dire que nous avons besoin d'ajouter 6 étapes de contrôle. Dans certains cas, grâce à la propriété d'invariants de marquages bien connus dans la théorie des RdP, il est possible de réduire cet ensemble de contraintes.

Pour notre exemple, en additionnant les trois premières contraintes, nous trouvons :

$$\left.\begin{array}{l} X_1 + X_{11} + X_{21} \leq 2 \\ X_2 + X_{11} + X_{21} \leq 2 \\ X_3 + X_{11} + X_{21} \leq 2 \end{array}\right\} = (X_1 + X_2 + X_3) + 3\, X_{11} + 3\, X_{21} \leq 6.$$

En utilisant l'invariant : $X_1 + X_2 + X_3 = 1$ nous trouvons :

$$1 + 3\,(X_{11} + X_{21}) \leq 6 \quad \Leftrightarrow \quad 3\,(X_{11} + X_{21}) \leq 5 \quad \Leftrightarrow \quad X_{11} + X_{21} \leq 1.$$

Donc nous pouvons remplacer ces trois contraintes par une contrainte plus simple équivalente :

$$X_{11} + X_{21} \leq 1. \tag{5.1}$$

La contrainte $X_{11} + X_{21} \leq 1$ signifie qu'il ne faut pas que les étapes 11 et 21 de la figure 4.6, soient actives en même temps. Nous remarquons que la boucle qui contient les étapes X_1, X_2, X_3 est indépendante des étapes 11 et 21, c'est-à-dire que quelles que soient les étapes actives dans la boucle de l'invariant X_1, X_2, X_3 la contrainte (5.1) reste toujours maintenue. Donc, les trois contraintes sont bien équivalentes à une seule contrainte. De la même manière, on trouve pour les trois autres contraintes :

$$\left.\begin{array}{l} X_2 + X_{10} + X_{22} \leq 2 \\ X_2 + X_{11} + X_{22} \leq 2 \\ X_2 + X_{12} + X_{22} \leq 2 \end{array}\right\} = 3\, X_2 + (X_{10} + X_{11} + X_{12}) + 3\, X_{22} \leq 6.$$

En utilisant l'invariant : $X_{10} + X_{11} + X_{12} = 1$ nous trouvons :

$$1 + 3\,(X_2 + X_{22}) \leq 6 \quad \Leftrightarrow \quad 3\,(X_2 + X_{22}) \leq 5 \quad \Leftrightarrow \quad X_2 + X_{22} \leq 1.$$

Ici aussi nous pouvons remplacer ces trois contraintes par une contrainte plus simple équivalente :

$$X_2 + X_{22} \leq 1. \tag{5.2}$$

Il est évident que cette technique de réduction n'est pas générale. Elle dépend des propriétés de modèle, c'est-à-dire de l'existence d'invariants (Kattan, 2004). Si de tels invariants n'existent pas, alors le contrôleur peut être déterminé avec le premier ensemble de contraintes et le contrôleur final contiendra plus d'étapes de contrôle. Mais le comportement en boucle fermée sera identique.

À cette étape de notre approche, l'ensemble des états interdits est caractérisé de manière bijective par un ensemble de contraintes. La dernière étape consiste à synthétiser des étapes de contrôle qui respectent ces contraintes.

b) Calcul des étapes de contrôle à ajouter

Soit W_p la matrice d'incidence du Grafcet S_d, correspondant au fonctionnement désiré en boucle fermée. L'approche de synthèse consiste à compléter cette matrice d'incidence par la partie W_c correspondant aux étapes de contrôle. Soit W la matrice d'incidence du système contrôlé, chaque place du contrôleur va ajouter une ligne à la matrice d'incidence de procédé contrôlé W. Cette matrice sera composée de deux matrices, la matrice originelle du modèle de procédé W_p et la matrice d'incidence du contrôleur W_c :

$$W = \begin{bmatrix} W_p \\ W_c \end{bmatrix} \tag{5.3}$$

L'ensemble des contraintes linéaires peut s'écrire sous la forme matricielle suivante :

$$L.X_P \leq b. \tag{5.4}$$

Le principe du contrôle consiste à créer des invariants en ajoutant des étapes :

$$L.X_P + X_c = b. \tag{5.6}$$

On en déduit de manière simple la partie de la matrice d'incidence qui correspond à la partie contrôle et le marquage des étapes initiales :

$$W_c = - L.W_P \tag{5.7}$$

et

$$X_{cinit} = b - L.X_{pinit} \tag{5.8}$$

NB :

Les indices p et c sont utilisés pour désigner respectivement le procédé et le contrôleur.

Le contrôleur est connu par la détermination de sa matrice d'incidence W_c et son marquage initial X_{cinit}.

Nous obtenons ainsi une solution structurelle facile à mettre en œuvre. Nous avons vu lors de la présentation de la méthode des invariants de marquage le problème des transitions incontrôlables (c'est le cas de notre exemple) pour lesquelles il faut garantir qu'il n'y a pas d'étapes de contrôle en entrée. Dans notre approche, le calcul de la matrice $[- L.W_U]$ où W_U est la matrice d'incidence de la partie incontrôlable est inutile (Kattan, 2004). En effet, dans la synthèse du contrôleur nous avons calculé les étapes de contrôle à partir des états interdits frontières où toutes les transitions d'entrées à ces états sont contrôlables, c'est pourquoi la détermination de l'ensemble des transitions T_{cF} ainsi que les états interdits frontaliers F est une étape très importante dans la synthèse du contrôleur.

La solution obtenue par notre approche donne le contrôleur optimal. Cette optimalité vient de l'équivalence entre l'ensemble des situations autorisées S_a et l'ensemble des contraintes linéaires.

Remarque 5.2 :

L'équivalence entre les Réseaux de Petri interprétés de commande et le Grafcet nous permet d'appliquer les résultats existants pour les RdP au Grafcet. Il faut prouver pour cela que les grafcets modélisés sont des grafcets sains. Pour cela, il faut que les 3 points soient vérifiés (Alla, 1992) :

1) À aucun moment une étape active ne peut être telle que : une de ses transitions d'entrée est franchissable, et aucune de ses transitions de sortie n'est pas simultanément franchissable (on dit que le grafcet n'est pas réactivable).
2) Pour chaque conflit réel $<P_1, \{T_1, T_1, \ldots\}\ldots>$ qui peut exister, il y a des arcs

$$T_1 \rightarrow P_1, T_2 \rightarrow P_1 \ldots$$

3) Aucune étape ne peut avoir deux transitions d'entrées simultanément franchissables (sauf le cas 2 qui précède).

Les grafcets de notre exemple sont des grafcets sains.

Appliquons ce résultat à notre exemple.

Soit W_p la matrice d'incidence du Grafcet G_d donné dans la figure 5.9.

$$W_p = \begin{array}{c} \begin{array}{cccccc} c_1 & f_1 & t_1 & c_2 & f_2 & t_2 \end{array} \\ \begin{bmatrix} -1 & 0 & 1 & 0 & 0 & 0 \\ 1 & -1 & 0 & 0 & 0 & 0 \\ 0 & 1 & -1 & 0 & 0 & 0 \\ 0 & 0 & 0 & -1 & 0 & 1 \\ 0 & 0 & 0 & 1 & -1 & 0 \\ 0 & 0 & 0 & 0 & 1 & -1 \\ 0 & 0 & -1 & 0 & 0 & 1 \\ 0 & 0 & 1 & 0 & 0 & -1 \end{bmatrix} \end{array} \begin{array}{c} \\ 1 \\ 2 \\ 3 \\ 10 \\ 11 \\ 12 \\ 21 \\ 22 \end{array}$$

Nous avons deux contraintes donc la matrice de contrainte L contient deux lignes, à partir des contraintes (5.1) et (5.2), on détermine cette matrice L :

$$L = \begin{array}{c} \begin{array}{cccccccc} 1 & 2 & 3 & 10 & 11 & 12 & 21 & 22 \end{array} \\ \begin{bmatrix} 0 & 1 & 0 & 0 & 0 & 0 & 0 & 1 \\ 0 & 0 & 0 & 0 & 1 & 0 & 1 & 0 \end{bmatrix} \end{array}$$

La matrice d'incidence de la partie contrôlée est alors :

$$W_c = - L.W_P \Rightarrow \quad W_c = \begin{bmatrix} -1 & 1 & -1 & 0 & 0 & 1 \\ 0 & 0 & 1 & -1 & 1 & -1 \end{bmatrix}$$

Les deux étapes de contrôle P_{c1} et P_{c2} à ajouter ont pour marquage initial :

$$X_{c1} = 1 \quad \text{et} \quad X_{c2} = 0.$$

À ce niveau, la synthèse de contrôleur est terminée et nous avons trouvé le contrôleur optimal. Il faut noter qu'il y a des transitions de sortie incontrôlables associées aux places de contrôle. Mais, comme nous l'avons dit, cela ne conduit jamais à un mauvais fonctionnement, c'est-à-dire quand l'étape de contrôle n'est pas active, aucune autre étape d'entrée de cette transition incontrôlable n'est active. Cette propriété est garantie grâce à la détermination de l'ensemble des états interdits frontières F.

Le Grafcet du contrôleur final est représenté dans la figure 5.14. Dans ce modèle, nous pouvons remarquer que les événements contrôlables ont disparu. L'autorisation pour faire l'action est déterminée par l'activation de la place de contrôle. Ce contrôleur peut être directement implémenté dans un automate programmable industriel. C'est un avantage important du Grafcet. On s'affranchit ainsi d'une transformation du modèle synthétisé vers le modèle implantable, transformation qui est souvent source d'erreurs.

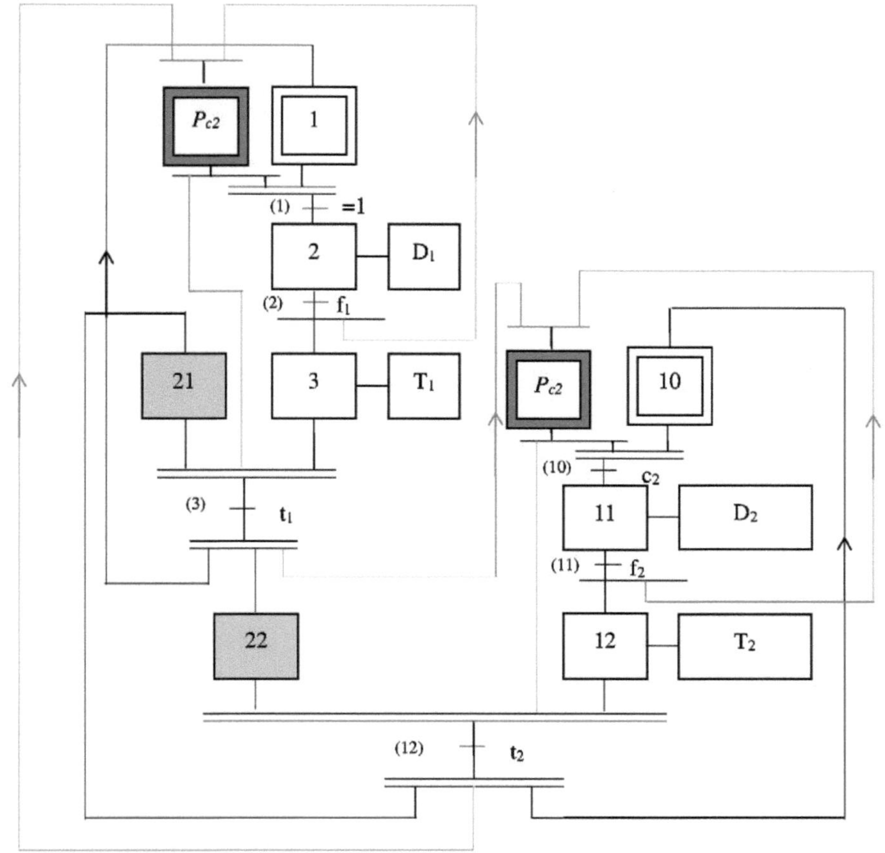

Figure 5.14 : Grafcet-contrôleur optimal

V.4 : Analyse des résultats et discussions

Nous avons fait deux propositions d'approches de supervision à base du Grafcet : la première est le rapprochement aux automates finis par la formalisation des lois de composition des Grafcets, la seconde est un rapprochement avec le réseau de Petri.

V.4.1 : Rapprochement à la supervision à base des automates finis

La théorie de supervision intéresse de plus en plus la communauté des automaticiens, malgré qu'elle ne soit pas encore appliquée en industrie. L'automate fini est le principal outil de modélisation dans la théorie de supervision, mais l'usage de ce dernier rend les résultats presqu'inexploitables à cause de la taille considérable du programme final. Cela n'enlève en rien l'efficacité des méthodes utilisées. Le programme final est digne de confiance, car basé sur des outils formels, c'est pour cette raison que nous avons choisi de faire ce rapprochement. Tout au long de nos travaux, nous avons utilisé le système manufacturier (SM1 et SM2). La synthèse du superviseur par notre méthode a généré 6 états et 15 transitions, voyons ce que l'on aura en utilisant les automates finis :

Synthèse de superviseur à base des automates finis

- **Commande**

Figure 5.15 : Modèles automate des machines 1 et 2

- **Spécifications**

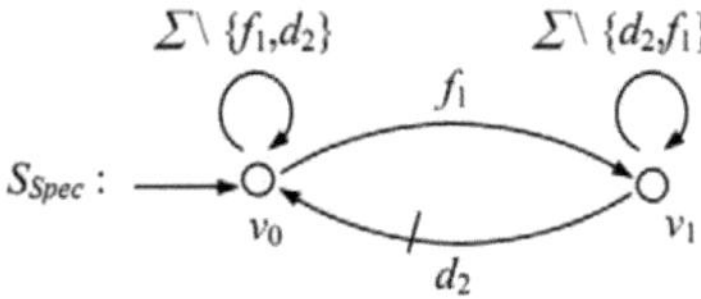

Figure 5.16 : Modèle automate de la spécification s1

- **Fonctionnement en boucle fermée**

À l'aide du logiciel TCT développé par Wonham et téléchargeable sur sa page personnelle (Wonham, 2013), nous avons ressorti le fonctionnement en boucle fermée. Le logiciel permet de saisir les automates des commandes et des spécifications afin de ressortir le langage suprême contrôlable selon l'algorithme de Wonham. Dans ce logiciel, les évènements incontrôlables doivent être des chiffres pairs, alors que les évènements contrôlables sont des chiffres impairs. Le codage est donné comme suit :

Tableau 2 : Correspondance des noms d'évènements

Non usuel	c_1	f_1	c_2	f_2
Nom dans TCT	1	0	3	2

La figure 5.17 représente le fonctionnement en boucle fermée à l'aide de la commande *sync(M1, M2, S1)*.

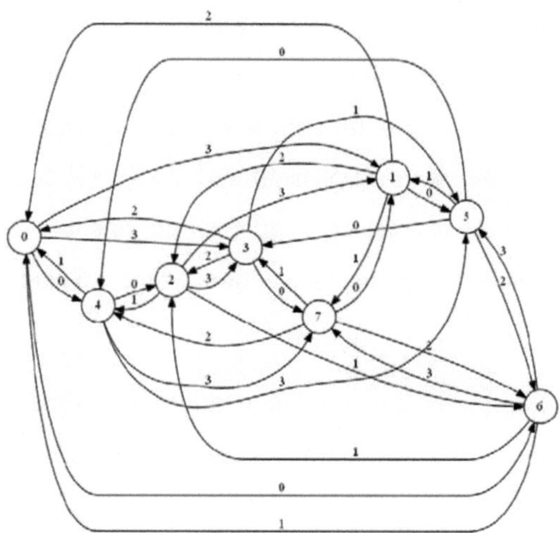

Figure 5.17 : Automate du fonctionnement en boucle fermé

- **Superviseur optimal**

Après le processus de synthèse à l'aide de l'algorithme de Kumar, on a le superviseur optimal suivant :

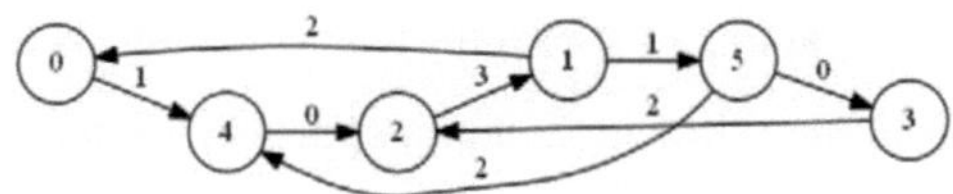

Figure 5.18 : Automate superviseur

On a alors **6 états** et **8 transitions,** ce qui confirme que notre méthode offre plus de possibilités d'évolution du système manufacturier. Nous ressortons alors ces multiples avantages :

Avantages de notre approche :

- L'on peut directement obtenir le comportement commun des Grafcets par la composition directe de ces derniers ;
- L'on peut exploiter certaines propriétés comme les divergences en **ET** qui n'existe pas dans le langage automate ;
- Manipulation facile ; par simple logique du comportement d'un Grafcet ;
- Manipulable par les automaticiens classiques ;
- Étant donné les critères d'un bon superviseur (déterministe, réactif, sans blocages et maximal permissif), notre méthode génère un superviseur plus *maximal permissif* (permettre un maximum de possibilités d'évolution du système) qu'avec les automates. Par exemple, pour notre cas d'application, la supervision par automate a généré 6 étapes et 8 transitions tandis que la nôtre a généré 6 étapes et 15 transitions.

Inconvénients

- Le Graphe de comportement commun contient plus d'étapes que le Graphe de comportement commun à base des automates, car la simultanéité des évènements est prise en compte ;
- Difficulté d'application dans un système plus grand ;
- Besoin de beaucoup d'espace mémoire pour l'implantation.

V.4.2 : Rapprochement avec la supervision à base des Réseaux de Petri

Le résultat que nous avons obtenu est exactement le même que celui de Kattan, pourtant nous n'avons pas usé des automates comme la fait Kattan. Notre démarche montre alors la possibilité d'appliquer directement une approche de synthèse sur un Grafcet.

Avantage :

- Gain en temps dans la détermination des états dangereux ;
- Application directe des graphes de marquage sur les Grafcets de modélisation ;
- Gain en espace mémoire, car le nombre d'étapes est considérablement réduit ;
- Détermination facile des contraintes linéaires à imposer ;

- Possibilité d'implantation même pour les systèmes complexes

Inconvénients :

- Difficulté de modéliser les spécifications par un Grafcet.

Conclusion

Nous avons présenté dans ce chapitre une méthode de synthèse structurelle pour la supervision à base du Grafcet par rapprochement avec celle à base des Réseaux de Petri. La méthode s'avère fiable, car basée sur des outils fiables reconnus dans la littérature tels que le graphe de marquage et les invariants de marquage. Le modèle final est proche des modèles de départ.

Conclusion et perspectives

Conclusion et perspectives

La synthèse de contrôleurs pour les systèmes à événements discrets a été largement étudiée dans les travaux de Ramadge et Wonham. Dans leur approche, le système à événements discrets à contrôler est modélisé par un automate et son comportement par un langage formel. Comme nous l'avons vu dans la présentation de cette approche, le grand nombre d'états à considérer pour représenter le comportement du système ainsi que le manque de structure dans les modèles limite les possibilités de développer des algorithmes de calcul efficace pour l'analyse et la synthèse.

L'approche classique utilise un point de vue centralisé. Les modèles obtenus sont de grande taille. Différents travaux proposent des approches permettant de réduire cette taille par la remise en cause du point de vue centralisé : point de vue hiérarchique, modulaire sous observation partielle ou décentralisée. Une fois la commande obtenue, une interprétation est nécessaire. Là aussi, différents travaux proposent des interprétations sous forme de schémas Ladder ou de Grafcet.

Nous avons présenté dans ce livre une contribution au problème de la synthèse de superviseur pour les systèmes à événements discrets modélisés par des Grafcets.

La première méthode de synthèse est un rapprochement avec la synthèse de superviseur à base des automates finis. Cette méthode est basée sur l'algorithme de Kumar. Nous avons donc développé des formalismes de composition de Grafcet afin d'utiliser cette méthode. Cependant dans cette approche, un inconvénient majeur subsiste : certes le Grafcet final de superviseur obtenu est plus permissif que celui des automates, mais il contient un nombre important d'étapes. Étant donné que cette méthode repose sur un outil appliqué sur les automates, le problème d'explosion combinatoire persiste. Pour éliminer ces difficultés, nous avons cherché une autre solution.

La deuxième méthode est un rapprochement avec la synthèse de superviseur faite à base des Réseaux de Petri. Elle est basée sur les invariants de marquage qui permettent de déterminer un certain nombre d'étapes à ajouter au modèle initial afin de faire respecter les spécifications de commande. La théorie des régions plus complexes que les invariants de marquage est exploitée pour sa première phase pour la détermination de l'ensemble des contraintes : le graphe de marquage. En effet, la détermination de l'ensemble des contraintes est le maillon faible de la méthode des invariants de marquage ; méthode pourtant plus accessible du point de vue de la méthode de calcul. Le Grafcet obtenu est un contrôleur, c'est-à-dire qu'il ne se contente pas seulement d'autoriser ou d'empêcher certains évènements, mais peut aussi les forcer. La méthode comporte deux phases. La première phase consiste à déterminer l'ensemble des états interdits par la construction du graphe des situations de deux modèles Grafcet (fonctionnement désiré et fonctionnement possible). Dans la deuxième phase, nous avons utilisé les invariants de marquage pour construire le Grafcet du contrôleur en déterminant un ensemble d'étapes de contrôle. L'avantage pratique de notre méthode est qu'elle utilise directement les modèles Grafcet implantables dans les automates programmables industriels.

Nous avons utilisé des propriétés générales établies par Kattan qui ont permis de trouver l'ensemble des contraintes linéaires à partir de l'ensemble des états interdits. La dimension de contrôleur est en général égale au nombre des contraintes. Cependant, cet ensemble peut être réduit dans certains cas grâce à la propriété d'invariants de marquages exploitée une seconde fois. La solution obtenue donne un contrôleur optimal. Cette optimalité provient de l'équivalence entre l'ensemble des situations autorisées et l'ensemble des contraintes linéaires. Pour appliquer de manière directe la théorie du contrôle par supervision, nous avons considéré la classe de Grafcet où seuls des événements sont associés aux transitions. Cette contrainte provient de la théorie de base sur les langages qui ne considère que les événements.

Cependant, il est connu qu'une réceptivité dans un grafcet peut contenir également des conditions logiques correspondant soit à des entrées provenant de l'environnement, soit à des activités d'étapes. Il est également possible d'avoir des temporisations associées aux étapes et des événements de fin de temporisation associée aux transitons. La synthèse de contrôleur pour les SED temporisés est un thème de recherche très actif dans la communauté automatique. Une perspective importante de notre travail consiste à rechercher une approche de synthèse de contrôleur qui soit structurelle et qui soit utilisable pour un grafcet général. Cette approche doit nécessairement combiner les résultats obtenus dans le domaine des SED autonomes et des SED temporisés. Trouver une méthode propre au Grafcet est également notre préoccupation.

Références bibliographiques

Références bibliographiques

(Alla, 1992) R. David, H. Alla : Du Grafcet aux réseaux de Petri, Hermes, Paris, 1992.

(Asarin *et al.*, 1998) E. Asarin, O. Maler, A. Pnueli, and J. Sifakis : Controller synthesis for timed automata, Proc. IFAC Symposium on System Structure and Control, pages 469-474, 1998.

(Badouel *et al.*, 1994) E. Badouel, L. Bernardinello and P. Darondeau : Polynomial algorithms for the synthesis of bounded nets, Proc. of CAAP'95 , Springer Verlag LNCS 915 (364-378), 1995.

(Balemi, 1992) S. Balemi, Control of Discrete Event Systems : Theory and Application, Thesis for the degree of Doctor of Technical Sciences, Swiss Federal Institute of Technology, Zurich, Mai 1992.

(Berard *et al.*, 1999) B. Bérard, M. Bidoit, A. Finkel, F. Laroussinie, A. Petit, L. Petrucci, P. Schnoebelen : Systemsand Software Verification, Model-Checking techniques and tools, Heidelberg, Springer-Verlag Editions, ISBN : 3-540-41523-8, 1999.

(Blanchard, 1979) M. Blanchard : Comprendre, Maîtriser et appliquer le GRAFCET, CEPADUES-Editions, Toulouse, 1979.

(Bourdon *et al.*, 2002) E. Bourdon, M. Lawford, W.M. Wonham : Robust Nonblocking Supervisory Control of Discrete-Event Systems, Proceeding of American Control Conference, ACC' 02, pp 730-735, 2002.

(Brandin, 1989) B. A. Brandin : Supervisory control of Discrete Event Systems with forcible events, Thesis for the degree of master of applied science, University of Toronto,1989.

(Charbonnier, 1996) F Charbonnier : Commande supervisée des systèmes à événements discrets, Thèse de doctorat de l'institut National Polytechnique de Lorraine, 1996.

(Fabian et Hellgren, 1998) M. Fabian, A. Hellgren : PLC-based Implementation of supervisory Control for Discrete Event Systems as Sequential Function Charts, Proc of CDC 98, Tampa, Florida, USA, December 1998.

(Ghaffari *et al.*, 2001) A. Ghaffari, N. Rezg, X. Xie : Conception du Superviseur Optimal Vivant à l'aide de la Théorie des Régions, MSR 01, Toulouse, France, Hermes (Editeur), Octobre 2001.

(Giua, 1996) A. Giua : Petri net techniques for supervisory control of discrete event systems, In Proceedings of 1st Int, Workshop on Manufacturing and Petri nets, pp. 1-30- Osaka, Japan, 1996.

(Godon, 1996) A. Godon : Contribution à la commande des systèmes à événements discrets par réseaux de pétri, Thèse de doctorat de l'université d'Angers, 1996.

(Hanisch et Thieme, 1997) H. M. Hanisch, J. Thieme, A. Luder : Towards a synthesis method for distributed safety controllers based on net condition/event systems, Journal of Intelligent Manufacturing, 8, pp. 357-368, 1997.

(Hellgren *et al.*, 2001) A. Hellgren, M. Fabian, B. Lennartson : Modular Implementation of Discrete Event Systems as Sequential Function Charts Applied to an Assembly Cell. Proceedings of the 2001 IEEE Conference on Control Applications, Mexico City, Mexico, September 2001.

(Hellgren *et al.*, 2002) A Hellgren., B. Lennartson, M. Fabian : Modelling and PLC-based implementation of modular supervisory control, Proceedings of 6th International Workshop on Discrete Event Systems, WODES'02, Saragoza, Espagne, 2-4 octobre 2002.

(IEC, 1993) International Electrotechnical Commission : PLCs – Part 3: programming languages, Publication 611131-3, 1993.

(Jafari et Boucher, 1994) M. A. Jafari and T. O. Boucher : A Rule Based System for Generating Ladder Logic Control Program From a High Level System Model, Journal of Intelligent Manufacturing, vol. 5, pp. 103-120, 1994.

(Kattan, 2004) Bassam KATTAN: Synthèse structurelle d'un contrôleur basée sur le Grafcet. Thèse de doctorat de l'université de JOSEPH FOURIER, 2004.

(Kumar, 1991) R. Kumar : Supervisory Synthesis Techniques for Discrete Event Dynamical Systems, Thesis for the degree of Doctor of Philosophy, Université du Texas, Austin, Août 1991.

(Lesage *et al.*, 1998) J.J. Lesage, J. M. Roussel, J.M. Faure, P. Lhoste, J. Zaytoon : Réactivité et déterminisme du comportement temporel du grafcet, ADPM'98, 3ème Conférence Internationale sur l'Automatisation des Processus Mixtes, Reims, pp. 99-106, 1998.

(Marangé *et al.*, 2008) Pascale Marangé , Abdelouahed Tajer, François Gellot, Véronique Carré-Ménétrier : Etude du comportement global d'un SED en vue de la validation de sa commande spécifiée par Grafcet ,Centre de Recherche en STIC version – UFR Sciences Exactes et Naturelles de Reims - Moulin de la Housse , hal-00385483, 1 - 19 May 2009.

(Marikar *et al.*, 1998) M.T Marikar., G.E Rotsein., S. Macchietto : An integrated environment for the design of procedural controllers, Volume II of 9th IFAC/INCOM symposium, Nancy, 1998.

(Matilde *et al.*, 2013) Matilde Machin, Jérémi Guichet, David Powell, Hélène Waesselynck : Introduction à la synthèse de superviseur, LAAS-CNRS, hal-00804879 version 1, n°13067, 2013.

(Moody et Antsaklis, 1998) J. O. Moody and P. J. Antsaklis : Deadlock Avoidance in Petri nets with Uncontrollable Transitions, Proc. of American Control Conference, Philadelphia, PA, Juin 1998.

(Mooly *et al.*, 1994) J. O. Mooly, K. Yamalidou, M. D. Lemmon, P. J. Antsaklis : Feedback control of Petri nets based on place invaraints, Proceedings of the 33rd IEEE Conference on Decisison and Control, pp.3104-3109.- Lake Buena Vista, FL, USA, December 1994.

(Ndab, 1999) C. H. Ndjab : synthèse de la commande des SED par Grafect, thèse de doctorat de l'université de Reims Champagne Ardenne, soutenue en 1999.

(Park et Khargonekar, 2000) E. Park, E. D. Tibury, and P. P. Khargonekar : Control logic generation for machining systems using Petri net formalism, in Proc. 2000 IEEE Int. Conf. Systems, Man, and Cybernetics, vol. 5, Nashville, TN, 2000, pp. 3201–3206.

(Peng et Zhou, 2004) S. S. Peng, M. C. Zhou : Ladder Diagram and Petri Net based Discrete Event Control Design Methods. In IEEE Transaction on systems, Man and Cybernetics. 2004.

(Philippot *et al.*, 2003) A. Philippot., A. Tajer, F. Gellot., V. Carré-Ménétrier : Synthèse de la commande spécifiée en Grafcet : application à un préhenseur pneumatique, Actes de MSR 03, pp 61-75, 6-8, Metz, octobre 2003.

(Queiroz et Cury, 2002) M. H. de Queiroz, J E. R. Cury : Synthesis and Implementation of Local Modular Supervisory Control for a Manufacturing Cell. Proc. 6th International Workshop on Discrete Event Systems (WODES'02), 2002.

(Ramadge et Wonham, 1983) P. J. Ramadge, et W. M. Wonham : Supervisory control of a class of discrete event processes, Vol. 63 of LNCIS, pp. 477-498. Springer-Verlag, Berlin, Germany, 1983.

(Ramadge et Wonham, 1987a) P. J. Ramadge, and W. M. Wonham : Supervisory control of a class of discrete event processes, SIAM Joural of Control and Optimization, 25 (1):206-230, Janvier 1987.

(Ramadge et Wonham, 1987b) P. J. Ramadge, and W. M. Wonham : Modular feedback logic for discrete event systems, SIAM Journal of Control and Optimization, 25 (5):1202-1218, Septembre1987.

(Ramadge et Wonham, 1989) P. J. Ramadge, and W. Wonham : The Control of Discrete Event Systems, Proceedings of the IEEE, Special issue on Dynamics of Discrete Event Systems, Vol. 77, No. 1:81-98, 1989.

(Rohée, 2008) Benoît ROHÉE : Contribution à la conception d'applications de pilotage des systèmes manufacturiers, Thèse de doctorat de l'université de Reims Champagne Ardenne, 2008.

(Roussel, 1994) J. M. Roussel : Analyse de Grafcets par génération logique de l'automate équivalent, Thèse de doctorat de l'Ecole Normale Supérieure de Cachan, 1994.

(Tajer, 2005) Abdelouahed TAJER : Contribution aux approches formelles de synthèse de commande spécifiée par grafcet, Thèse de doctorat de l'université de Reims Champagne Ardenne, 2005.

(Tajer *et al.*, 2006) A. Tajer, P. Maranger, F. Gellot, V. Carre-Menetrier, Synthèse d'une commande supervisée à base de contraintes booléennes, STIC, France, 2006.

(Tzafestas *et al.*, 2002) S. G. Tzafestas, M. G. Pantelelis, and D. L. Kostis : Design and implementation of logic controller using Petri nets and ladder logic diagrams, SAMS, vol. 42, no. 1, pp. 135–167, 2002.

(Valette, 2001) Robert Valette : Du réseau de Petri au Grafcet, LAAS-CNRS, F-31077 Toulouse Cedex 4, 2001.

(Wonham, 2013) W. M. Wonham : Page personnelle de Wonham, www.control.toronto.edu/people/profs/wonham.html, visité le 21 juin 2013.

(Yamalidou *et al.*, 1996) K. Yamalidou, J. O. Mooly, M. D. Lemmon, P. J. Antsaklis : Feedback control of Petri nets based on place invaraints. Automatica, vol. 32, n1, 1996.

(Yoo et Lafortune, 2002) T. S. Yoo, S. Lafortune : A general architecture for decentralized supervisory control of discrete-event systems, Discrete Event Dynamic Systems: Theory and Applications, 12, 2002.

(Zhong et Wonham, 1990) H. Zhong, W. M. Wonham : On the Consistency of Hierarchical Supervision in Discrete-Event Systems, IEEE Trans. on Aut. Control, 35(10):1125-1134, Hermes, 1989.

(Zhou et Jeng, 1998) M.C. Zhou, M.D. Jeng : Modeling, analysis, simulation, scheduling, and control of semiconductor manufacturing systems - a Petri net approach. In: IEEE Trans. on Semiconductor Manufacturing, Vol. 11, No. 3, pages 333-357. 1998.

Printed by Books on Demand GmbH, Norderstedt / Germany